植物学
实验教程

王　蔚　毛玉峰 ◎ 主编

U0189828

中国海洋大学出版社

·青岛·

图书在版编目（CIP）数据

植物学实验教程 / 王蔚，毛玉峰主编. -- 青岛 ：中国海洋大学出版社， 2024. 11. -- ISBN 978-7-5670-4034-2

Ⅰ. Q94-33

中国国家版本馆CIP数据核字第2024NQ0439号

ZHIWUXUE SHIYAN JIAOCHENG

植物学实验教程

出版发行	中国海洋大学出版社
社　　址	青岛市香港东路23号　　　　邮政编码　266071
网　　址	http://pub.ouc.edu.cn
出 版 人	刘文菁
责任编辑	邓志科　　　　　　　　　　电子信箱　20634473@qq.com
印　　制	日照报业印刷有限公司
版　　次	2024 年 11 月第 1 版
印　　次	2024 年 11 月第 1 次印刷
成品尺寸	170 mm × 230 mm
印　　张	12
字　　数	180 千
印　　数	1 ~ 1000
定　　价	50.00 元
订购电话	0532-82032573（传真）

发现印装质量问题，请致电0633-8221365，由印刷厂负责调换。

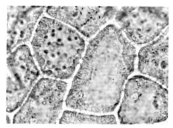

红辣椒果实表皮初生纹孔场

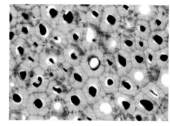

柿胚乳切片示胞间连丝

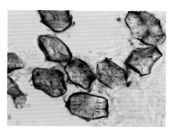

梨果肉中的石细胞

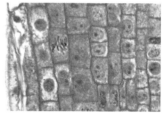

洋葱根尖分生区

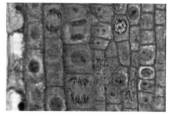

洋葱根尖分生区

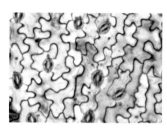

蚕豆叶下表皮

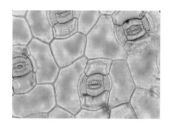

鸭跖草叶下表皮

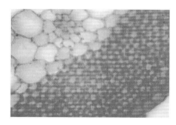

芹菜叶柄中的厚角组织

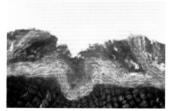

椴树茎周皮上的皮孔

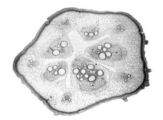

南瓜茎横切面

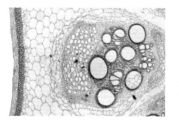

南瓜茎横切面中的维管束

蚕豆幼根横切面

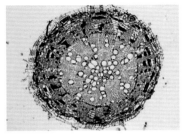

棉花老根横切面

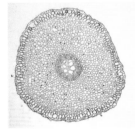

鸢尾根横切面

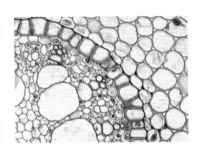

鸢尾根横切面局部

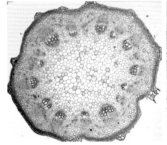

蚕豆幼茎横切面

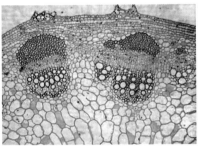

蚕豆幼茎横切面局部

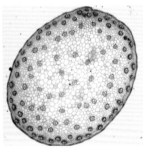

玉米幼茎横切面

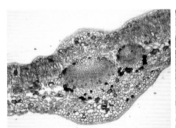

冬青卫矛叶横切面

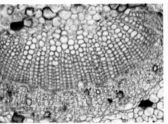

冬青卫矛叶主叶脉

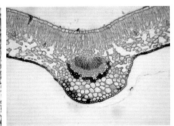

海桐叶横切面

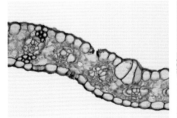

玉米叶横切面

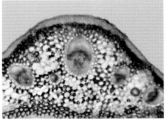

山麦冬叶横切面

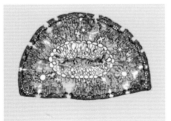

松针叶横切面

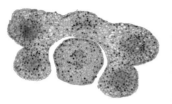
百合花药幼期横切面

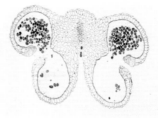
百合花药成熟期横切面

松小孢子叶球纵切面

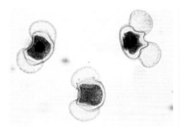
松花粉粒

百合子房横切面

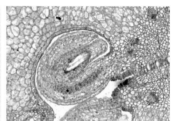
百合胚珠

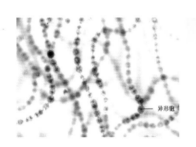
念珠藻

水绵丝状体

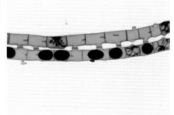
水绵的梯形接合

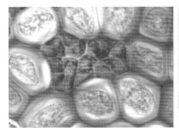
甘紫菜精子囊

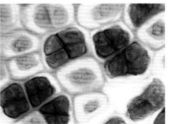
甘紫菜的果孢子

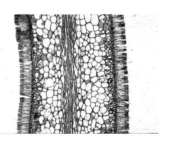
海带带片横切面

海带孢子囊

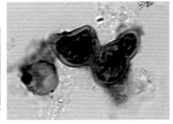

海带雌配子体

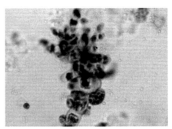

海带雄配子体

黑根霉

青霉的分生孢子梗

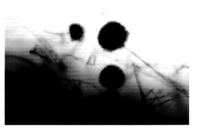

曲霉的分生孢子梗

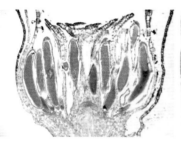

葫芦藓雄孢叶纵切

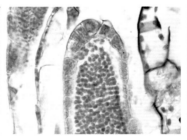

葫芦藓精子器

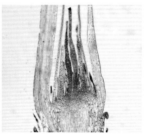

葫芦藓雌孢叶纵切

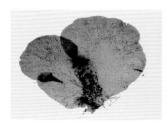

真蕨原叶体

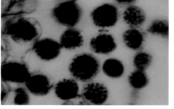

真蕨精子器

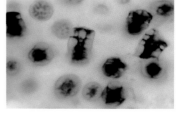

真蕨颈卵器

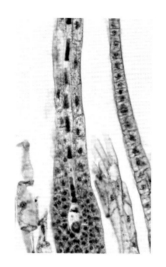

葫芦藓颈卵器纵切面

葫芦藓孢蒴纵切面

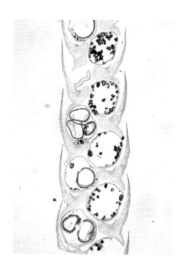

卷柏孢子叶穗纵切面

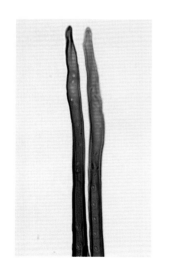

松树的离析管胞

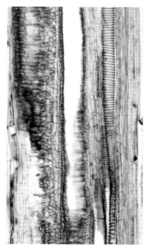

南瓜茎纵切片中的导管

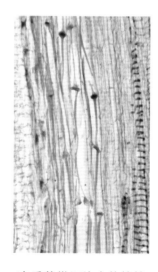

南瓜茎纵切片中的筛管

青岛百合 *Lilium tsingtauense*

瓜木 *Alangium platanifolium*

绿蓟 *Cirsium chinense*

白棠子树 *Callicarpa dichotoma*

葛枣猕猴桃 *Actinidia polygama*

多被银莲花 *Anemone raddeana*

铃兰 *Convallaria keiskei*

卷丹 *Lilium lancifolium*

蒙古栎 *Quercus mongolica*

本页图片由杨光拍摄于青岛崂山北九水

内容简介

　　本书包括植物学基本实验技术、观察与验证型实验、创新思考型实验共27个实验以及2个附录。实验设计涵盖了植物学形态解剖、生长发育、标本采集与制作、物种调查与环境的关系等方面，在训练学生掌握植物学基本实验技能、进行基础观察与验证的基础上，还增添了具有综合创新性思考的实验内容，以培养学生观察、分析与解决实际问题的综合能力。每个实验由实验目的与要求、实验材料及用品、实验内容和方法、作业和思考题等几部分构成。附录包括植物学常用试剂及染色液的配制方法和中国外来入侵植物名单，便于在实验和实习调查过程中查阅及应用。

　　本书可作为各类高等院校相关专业大学本科植物学实验课程教材，也可作为广大植物学工作者和爱好者的参考书。

前 言

    植物生物学是一门实验性很强的学科，理论知识结合实验观察和研究，才能深入认识植物生命特征，了解植物与环境的关系，从而为植物学相关的科学研究和生产实践奠定基础。为了适应我国高等教育创新性人才培养的需要，我们在多年植物生物学教学实践和科研积累的基础上，对植物生物学的实验教学进行了探索性改革，组织编写了本书。

    本书分为植物学基本实验技术、观察与验证型实验和创新思考型实验三个篇章，共设计了27个实验。

    植物学基本实验技术篇包括生物显微镜的使用、徒手切片、植物学绘图、植物检索表的编制与应用、植物标本的采集与制作等，学生通过学习能掌握植物学研究最基本的实验方法和技术。

    观察与验证型实验篇包括植物细胞组织与各大器官的形态解剖学观察，以及植物各大类群代表植物的形态特点观察，学生通过学习能了解各种典型植物的结构特点，并认识植物各大类群的代表植物。

    创新思考型实验篇包括种子植物的培养与观察、植物结构与环境适应性的关系等，以训练学生对所学实验技能和理论知识的综合应用能力、独立开展实验的能力、对实验结果的综合分析能力等。

本书还包括植物学实验常用试剂及染色液的配制方法和中国外来入侵植物名录两个附录，便于在实验和实习调查过程中查阅及应用。

本书的编写和出版获得了中国海洋大学教材建设基金和出版补贴的资助。书中插图除特殊标明外，均为编者自行绘制或拍摄。封面彩图由杨光和杨世民提供。

由于编者水平有限，书中难免有疏漏和不足之处，恳请有关专家和读者批评指正。

编者
2023年5月

目　录

第三篇 创新思考型实验

01

第一篇
植物学基本实验技术

实验1
生物显微镜和体视显微镜的构造和使用

一、实验目的

（1）学会正确使用与保养生物显微镜和体视显微镜，掌握显微镜的规范操作程序。

（2）了解显微镜的类型、构造及简要的工作原理。

二、生物显微镜的结构

生物显微镜由机械部分和光学部分组成。机械部分是起支撑作用的牢固支架，光学部分用来调节光线并放大物像（图1-1）。

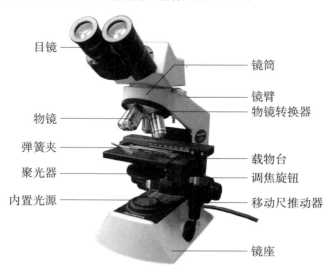

目镜　镜筒　镜臂　物镜转换器　物镜　弹簧夹　聚光器　内置光源　载物台　调焦旋钮　移动尺推动器　镜座

图1-1　生物显微镜

1. 机械部分

主要有镜座、镜臂、镜筒、物镜转换器、载物台和调焦旋钮等。作用是支持光学部分，使其充分发挥效能。

（1）镜座：显微镜的底座，用以支持全镜，起稳固作用。

（2）镜臂：装于镜座上方，呈弓形弯曲，是取放显微镜时的手持握取部分。

（3）镜筒：位于镜臂前方的圆筒形结构。镜筒上端放置目镜，下端连接物镜转换器，形成目镜与物镜（装在物镜转换器下）间的暗室。

（4）物镜转换器：安装在镜筒下方的圆盘状结构。物镜转换器上可安装3～4个物镜（低倍、高倍、油镜）。按顺时针或逆时针方向旋转物镜转换器，可以按需要将其中的任何一个物镜和镜筒接通，与镜筒上面的目镜构成一个放大系统。

（5）载物台：镜臂下方的平台，用以放置玻片标本。载物台中央有一通光孔。台上装有移动尺和弹簧夹，可固定玻片标本。载物台侧下方安装有移动尺推动器，旋转其调节钮可使玻片纵向或横向水平移动，使得镜检对象恰好位于视野中心。

（6）调焦旋钮：又叫准焦螺旋，位于镜臂左、右两侧，粗、微调至旋钮同轴，旋转时可使载物台上升或下降。大的是粗调焦旋钮，旋转一周可使镜筒移动2 cm左右；小的是微调焦旋钮，旋转一周可使镜筒移动0.1～0.2 mm。

2. 光学部分

主要包括物镜、目镜、内置光源和聚光器4个部件。

（1）物镜：旋固在镜筒下方的物镜转换器上的圆孔中，通常有4种：

低倍物镜：放大倍数常为4×或10×；

高倍物镜：通常放大40×；

油镜：放大100×（需要借助香柏油为介质成像）。

植物学实验观察通常只用低倍物镜和高倍物镜。

在物镜上常标有表示物镜性能的主要参数，如10倍物镜上标有10/0.25和160/0.17，其中：10为放大倍数；160为光学筒长（mm）（光学筒长=物镜上焦点平面到目镜下焦点平面的距离）；0.17是所要求的盖玻片厚度（mm），在设计生产物镜时，都按照这个厚度进行了像差的矫正；0.25为镜口率（numerical aperture，也称数值孔径，简写为NA）。物镜的分辨率与镜口率成反比，镜口率的值越大，分辨率越强，物镜的性能越好。

分辨率（R）=波长（λ）×2/镜口率（NA）

在使用物镜观察时要注意物镜的工作距离。物镜的工作距离是指物镜最前端一块透镜的表面到观察物体表面之间的距离。物镜放大倍数越大，其工作距离越小（表1-1）。

表1-1 物镜的常见类型及技术参数

物镜倍数	镜口率（NA）	工作距离/mm
4×	0.10	18.5
10×	0.25	7.634
40×	0.65	0.53
100×	1.25	0.198

（2）目镜：装在镜筒的顶端，常用目镜的放大倍数为10×。目镜的作用是把物镜放大了的实像再放大一次，并把物像映入观察者的眼中。目镜只起放大的作用，不能增加显微镜的分辨率。

显微镜放大倍数=目镜放大倍数×物镜放大倍数   （1-1）

（3）照明装置：较早的普通光学显微镜是用外来光检视物体，在镜座上装有双面反光镜，一面为平面，另一面为凹面，可以转动反光镜将光源射来的光线反射到聚光器透镜的中央，照明标本。目前出产的较高档次的显微镜镜座上装有内置光源，并有电流调节螺旋，可通过调节电流大小调节光照强度。

（4）聚光器：聚光器在载物台下面，它是由聚光透镜、虹彩光圈和升降螺旋组成的。其作用是将光源经反光镜反射来的光线或内置光源的光线聚焦于样品上，以得到最佳的照明，使物像获得明亮清晰的效果。聚光器的高低可以调节，使焦点落在被检物体上，以得到最大亮度。聚光器前透镜组前面还装有虹彩光圈。

三、生物显微镜的使用方法

观察任何标本，都必须遵循从低倍镜观察过渡到高倍镜观察的原则。切忌直接用高倍镜进行观察。具体步骤如下：

1. 取镜

拿取显微镜，必须一手握紧镜臂，一手平托镜座，使镜体保持直立，平拿平放。显微镜应放置在身体的左前方，离实验台边缘5厘米左右，防止显微镜滑落，并腾出右侧位置以便进行观察记录或绘图。

2. 准备

首先检查显微镜各部件有无损坏。然后通过物镜转换器将低倍物镜镜头转到载物台中央，正对通光孔（可听到"咔哒"声）。不可直接转动物镜镜头，以免镜头掉落。

3. 对光

插上插头，打开电源开关，使光线射入聚光器，从目镜中观察并调节光源强度至视野中充满柔和均匀的光线。然后，根据自己的双眼瞳距调节两个目镜镜头之间的距离，直到双眼看到的视野重合。

4. 放片

打开载物台弹簧夹，把玻片放在载物台上，放开弹簧夹，使玻片两侧固定在弹簧夹之间，旋转载物台侧下方的移动尺推动器，调整玻片在载物台上的位置，目测使玻片中的材料对准载物台的通光孔正中。

5. 低倍物镜的使用

侧面目测低倍镜与标本，一边缓慢转动粗调焦旋钮，使4倍物镜与材料之间略小于工作距离（18.5 mm），然后看着目镜，调节粗调焦旋钮使载物台向下，至物像清晰为止。若物像不在视野中央，可调节移动尺。如果图像细微结构不十分清晰，可使用微调焦旋钮，旋转10圈左右（因一般可动范围为20圈）。

如果观察时发现左、右眼分别看到的图像清晰度不一致，应先以无视

度调节环的一侧目镜为准进行调焦，然后调节另一侧目镜的视度调节环，使左、右眼观察的图像清晰度达到一致。

6. 高倍物镜的使用

在低倍物镜的观察后，如需进一步使用高倍物镜观察，先将要放大的部位移到视野中央，再把高倍镜转至载物台中央，对正通光孔，一般可粗略看到物像。然后，再用微调焦旋钮调至物像最清晰。如视野亮度不够，应增加光亮度。

7. 还镜

采取6步法正确还镜：

（1）将最低倍数物镜转至通光孔处；

（2）降下载物台；

（3）取下玻片；

（4）调暗光源；

（5）关闭电源开关，拔下插头；

（6）盖上防尘罩，并将显微镜放回原位。

四、体视显微镜的结构和使用方法

体视显微镜又称"解剖镜"，是一种具有正像立体感的显微镜。其最大放大倍数在200倍左右。常用来观察比较大的样品，如植物的根、茎、叶、花、果实、种子等器官。观察者可在显微镜下进行解剖操作，观察样品的表面形态特征和内部结构。

1. 体视显微镜的构造

体视显微镜的基本结构也分为机械部分和光学部分。机械部分由镜座、镜臂和镜筒组成；光学部分由物镜和目镜组成（图1-2）。

镜座：镜座上嵌有载物台，载物台下方装有内置光源。镜座一侧有内置光源开关和光亮度调节旋钮。

镜臂：镜臂垂直于镜座，镜臂上固定镜筒，镜臂上装有调焦旋钮及落射照明光源。

镜筒：镜筒上面固定双筒目镜，下面固定物镜。

目镜：体视显微镜的两个目镜间的距离也可调节，其中一个目镜上也有视度调节环，可微调，适应每个观察者的瞳距和双眼的视差。

物镜：外观上，体视显微镜上只有一个物镜，但其放大倍数是可变的，可通过镜筒上方的物镜倍率转换旋钮进行连续变换。

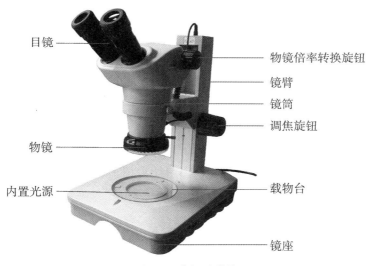

图1-2　体视显微镜

2.体视显微镜的使用方法

（1）标本放置：为了防止观察解剖过程中材料污染或损坏载物台，宜将材料放置于培养皿中或载玻片上，再将培养皿或载玻片置于载物台中心位置进行观察。

（2）调节光源：打开内置光源开关，调节上部的落射光源和载物台下方内置光源的光亮度，使目镜中观察到的材料被均匀柔和的光线照亮。

（3）调节焦距：体视显微镜的调焦旋钮只有一个，不分粗调和微调。转动调焦旋钮，直至看清标本。

（4）解剖观察：首先用低倍镜观察，将要观察部位移动到载物台中心，再通过物镜倍率转换旋钮逐渐增大物镜放大倍数。常左手持解剖针，右手持镊子，对材料进行解剖观察。

（5）还镜：观察结束后，移开标本，清洁载物台，将光源调暗后关闭开关。最后盖上防尘罩。

五、显微镜的养护

（1）平稳搬动显微镜。

（2）注意防水，观察时加盖玻片并吸去多余水分。

（3）镜头若有脏污，可用擦镜纸轻轻擦拭。或用药棉或擦镜纸沾少许二甲苯擦拭，然后再擦去多余二甲苯。若使用二甲苯过多，容易造成透镜脱落或镜头报废。

（4）正确还镜，保护镜头及电源灯泡。

（5）及时盖上防尘罩，尽量避免潮湿和灰尘。

（6）显微镜如有不灵活之处，切不可用力扭动，也不能用力拆卸，可通知有关人员处理。

实验 **2**
徒手切片法

徒手切片法是手持锋利刀片将新鲜的材料切成薄片，不经染色或经过简单染色后，制作成临时装片用于观察的方法。该方法操作简单快捷，不需复杂仪器设备，便于及时观察植物组织的生活状态和天然色彩，是植物组织观察中最常用的方法。

一、实验用品

锋利的双面刀片或单面刀片、培养皿、镊子、毛笔、载玻片、盖玻片、滴瓶、胡萝卜块等。

二、植物材料

根据观察目的选取植物的根、茎、叶、花、果实等。

根和茎：对柱状的根或茎，应剪取粗细适中、柔软适度、长度约3 cm的一段，可直接一手握持，一手用刀片进行切片。

果实或块根、块茎：这类块状物，可切成长约3 cm，横截面长宽约为5 mm×5 mm的长方体，再进行徒手切片。

叶片、花瓣：叶片和花瓣这类柔软的材料，可先进行修剪，再用胡萝卜块作为夹持物辅助进行握持切片。（如无胡萝卜，用马铃薯块茎也可，但马铃薯含淀粉粒较多，容易玷污材料影响观察。）先将胡萝卜切成长约3 cm、横截面长宽约为5 mm×5 mm的长方体。再用刀片在胡萝卜块中央切出长约2 cm的纵长切口，不要切到底。然后，对于比较宽大的叶片，可先沿主叶脉

两侧剪下宽约5 mm、长约2 cm的长条，放入胡萝卜块中间的切口中。切片时连同胡萝卜和植物材料一起做徒手切片。

三、切片方法

在培养皿中倒入适量清水。将修整好的材料断面沾水保持湿润，以左手拇指、食指、中指捏住材料，材料切面稍高于食指，拇指略低于食指，中指顶住材料，以免切到手指。右手持刀片，以清水润湿刀面，将刀片平放在左手食指上，刀口向内指向材料切割面并与材

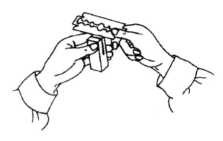

图2-1　徒手切片操作示意图

料断面平行，然后以臂力带动刀片，从左前方向右后方均匀快速地切割材料（图2-1）。连续切数片后，用湿毛笔将刀片上的材料薄片轻轻移入培养皿的清水中。（切片时应注意做连续切片，切忌切片中途停顿或反复"拉锯"；切片时保持手腕平直不动，不要用腕力晃动手腕，否则切片容易厚薄不均。）

四、制作临时装片

1. 准备

将用酒精浸泡过的载玻片和盖玻片用纱布擦净。擦拭盖玻片时要动作轻柔，以免盖玻片破碎。

2. 放置材料

用滴管在载玻片中央滴一滴蒸馏水，用镊子选取切好的材料薄片1～2片放入水滴中展平，不要互相重叠。

3. 盖盖玻片

用镊子夹住盖玻片一角，使盖玻片另一侧与水滴左边缘接触，然后慢慢放下盖玻片，以免产生气泡。如果水太多，可用吸水纸从盖玻片边缘将多余的水分吸掉。这样制好的临时装片即可直接置于显微镜下观察。

4. 染色

如果需要染色，可在盖玻片一侧加上一滴染液，用吸水纸在盖玻片另一侧吸引染液，使染液在盖玻片下扩散，使材料染色。

5. 保存

如果需将临时装片保存一段时间，可用体积分数为10%～30%的甘油溶液代替蒸馏水封片。再将制作好的甘油封片放置于大培养皿中保存，培养皿底部预先垫一层湿滤纸以免水分过度挥发。当装片中的水分挥发一部分后，可在盖玻片一侧用滴管补加体积分数为30%～50%的甘油。如此反复，直至盖玻片下的水分完全挥发，材料完全浸入甘油中。这样制作成半永久装片，可保存一月之久。

实验3
植物绘图法

在进行植物形态、结构观察时，常需绘图。一幅好的植物学绘图，往往比照片能更加简洁地表示出观察材料的主要形态和结构特征。

一、绘图用具

2H或3H铅笔、HB铅笔、绘图纸、削笔刀、橡皮、直尺等，铅笔削尖备用。

二、绘图要领

1. 布局合理

绘图前，应根据绘图的数量和内容，合理布局图的大小和位置。一般宜将图像位于绘图纸中间稍偏左，右侧留出标注空间，下方留出标题空间。图像的大小宜占绘图纸的3/4左右，不宜过大或过小。

2. 只用点线进行绘图

植物学绘图与艺术绘画不同，只需用线条和点来表示植物结构的轮廓和立体构造。

绘图时先用细铅笔轻轻勾画出轮廓草图，注意大体的比例适当。然后在草图基础上，用2H或3H铅笔绘出全图线条。画线条时，要缓缓运笔，一笔勾出，使线条平滑、均匀、细致。切勿重复描绘。

结构的明暗程度和颜色的深浅一般用圆点的疏密表示。打点时铅笔要垂直于纸面，匀速落下，使点细、圆。点的疏密变化自然，切勿用涂抹阴影或画线条的方法代替圆点，也不要将圆点画成蝌蚪状、短线或小撇。忌加粗涂黑和涂抹阴影。

3. 真实性与典型性

绘制时要注意去杂物，免臆造，求真实。

真实性：即要依据实际观察到的图像绘图，不能凭假想，也不能照搬照抄书本上的模式图。在绘制前要仔细根据观察目的选取图像清晰、结构具有代表性的区域。绘制时需要注意各部分结构的形态特点、大小比例，尽量准确地绘制出来。

典型性：即要在认真观察材料结构的基础上，画出最能反映典型特征的结构。而图像中存在因制片过程中人为产生的一些杂物、气泡，脱水不当发生细胞变形，或者因切片过厚产生部分细胞图像重叠等情况，应当注意识别，在绘图时予以省略。

4. 正确标注

绘图完毕后，应用HB铅笔引线并进行标注。图的名称标注于图的正下方。图中各部分结构用直尺向右引出平行线，线段末端对齐，然后在右侧工整书写该部分结构名称。平行线之间的间距尽量保持相等，不可过密，更不可放射状四面分散。如果图中的结构位置比较集中，可先用直斜线向右引出，再用平行横线引至右侧，以便于书写结构名称。

三、绘图方法示例

1. 细胞图（图3-1）

（1）在绘图纸上选定适当位置，用较轻的短线（用2H或3H铅笔）按显微镜视野中观察结果绘出细胞轮廓。

（2）用粗细适中、比较均匀的线条（用2H或3H铅笔）绘出细胞壁。注意缓缓运笔，一笔勾出，线条不可重复，连接处应光滑。由于细胞图意在突出表示细胞的结构，细胞壁用双线条表示，线条间的距离表示细胞壁的厚度。要表示出所绘细胞与相邻细胞的关系，故而应绘出相邻细胞的部分细胞壁。

（3）按正确的比例与位置绘出细胞核及核仁，最后用细小的圆点显示细胞质、细胞核的疏密程度。物质稠密的结构，在显微镜视野里较暗，要用较多而细密的点表示，如细胞核、核仁等。绘制圆点应小而均匀，切勿用铅笔涂抹。物质稀疏的结构，在视野里表现较亮，要用少而稀疏的圆点或不打点表示，如液泡。

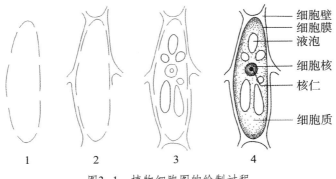

图3-1　植物细胞图的绘制过程

2. 植物器官轮廓图（图3-2）

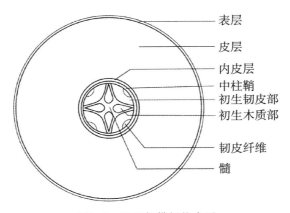

图3-2　蚕豆根横切轮廓图

（1）按显微镜视野中的观察结果，依一定比例大小用线条清晰绘出解剖构造的轮廓。

（2）在轮廓图上用线条区分出各类组织的界限，注意各类组织分布的比例，将各区向右引出平行线条注字说明。

3. 植物组织器官构造详图

以玉米茎的维管束结构图为例，如图3-3所示。

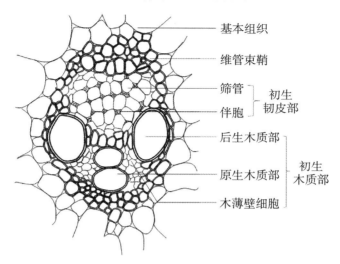

基本组织

维管束鞘

筛管 ⎫
伴胞 ⎭ 初生韧皮部

后生木质部

原生木质部 ⎫
木薄壁细胞 ⎭ 初生木质部

图3-3 玉米茎的维管束结构图

（1）首先绘出全部或部分组织器官的轮廓图。在轮廓图上用细线条画出各类组织的分布，注意各部分比例要适当。

（2）绘详图时，一般只绘出标本的1/3～1/2部分详图，要求所绘部分能表示清楚该组织器官的构造特点。

（3）在显微镜视野中选定该组织器官的代表性结构，不要再移动载玻片，按正确比例，根据组织细胞特点，逐一描绘细胞结构及细胞间相互联系，如细胞形状、大小，细胞壁薄厚等。

（4）由于细胞数量较多，每个细胞不宜绘制过大，一般薄壁细胞的细胞壁用单线条绘出，厚壁细胞用双线条表示细胞壁厚度。细胞内的结构除特殊情况（如厚角组织、气孔保卫细胞及栅栏组织中的叶绿体）外，一般可以不表示。

（5）绘器官部分图的边缘细胞时，可只绘每个细胞的一部分，表示所绘图是属于标本的一部分。

（6）用HB铅笔引线并标出各部分名称。

实验4
花程式和花图式

采用花程式和花图式来表示花的各部分的数目、排列情况、离合关系等，有助于我们迅速了解花的主要结构特征，是学习植物分类学必须掌握的基本技能。

一、花程式

花程式（flower formula）是用字母、数字和符号来表示花的各部分特征，即花各部分的组成、数目、离合情况、对称性、子房位置及构成等。

1.符号表示的含义

花的各部分一般用拉丁名词的第一个字母来表示（表4-1）。

表4-1　花程式中表示花各部分的符号

符号	表示含义	来源
P	花被	Perianth（拉丁文）的缩写
K	花萼	Kelch（德文）的缩写
C	花冠	Corolla（拉丁文）的缩写
A	雄蕊	Androecium（拉丁文）的缩写
G	雌蕊	Gynoecium（拉丁文）的缩写

花程式中表示形态结构特征所用的符号及意义如表4-2所示。

表4-2　花程式中表示形态特征的符号

符号	表示含义	符号	表示含义
↑	两侧对称	（ ）	联合
*	辐射对称	+	某部分的轮数关系（不止一轮）
☿	两性花（常略而不写）	$\underline{G}$	子房上位
♀	雌花	$\overline{G}$	子房下位
♂	雄花	$\overline{\underline{G}}$	子房半下位
（♂、♀）	雌雄同株	∞	多而无定数
（♂/♀）	雌雄异株	－	数字变化范围

其中需注意的是雌蕊的表示方式，用"—"表示子房位置。

如子房上位，"—"写在G下方，表示为$\underline{G}$。

如子房下位，"—"写在G上方，表示为$\overline{G}$。

如果为子房半下位，则在G上下方各写"—"，表示为$\overline{\underline{G}}$。

雌蕊G后如果有3个数字，如$\underline{G}_{(5:5:2)}$，第一个数字表示心皮数目，第二个表示每个雌蕊的子房室数，第三个表示每室胚珠数，但一般只写前两个数字。

2. 花程式书写的顺序

一般先写花性别、对称情况，然后根据花结构从外向内依次介绍花被或花萼、花瓣、雄蕊与雌蕊，在各部分字母右下方写明数字以表示各部分的数目和离合情况。如：

百合花：$*P_{3+3} A_{3+3} \underline{G}_{(3:3)}$

表示两性花，辐射对称；花被片6枚，离生，排成两轮，每轮3枚；雄蕊两轮，每轮3枚，离生；子房上位，3心皮愈合为3室。

柳：♂ $↑K_0 C_0 A_2$；♀ $*K_0 C_0 \underline{G}_{(2:1)}$

表示雌雄异花；雄花两侧对称；无花萼；无花瓣；雄蕊2枚，离生；雌花辐射对称；无花萼；无花瓣；子房上位，2心皮愈合为1室。

蚕豆花：$\uparrow K_{(5)} C_{1+2+(2)} A_{(9)+1} \underline{G}_{1:1:\infty}$

表示两性花；两侧对称；花萼5枚，合生；花瓣5枚，排成3轮，其中2枚愈合；雄蕊10枚，其中9枚联合，1枚离生；子房上位，1心皮1室，每室多胚珠。

苹果花：$*K_{(5)} C_5 A_{\infty} \overline{G}_{(5:5:2)}$

表示两性花；辐射对称；花萼5枚，合生；花瓣5枚，分离；雄蕊多数，离生；子房下位，5心皮愈合为5室，每室2枚胚珠。

二、花图式

花图式（flower diagram）是用花的横剖面简图来表示花各部分的数目、离合情况，以及在花托上的排列位置，也就是花的各部分在垂直于花轴平面所作的投影图（图4-1）。

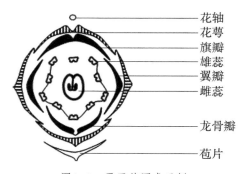

图中标注：花轴、花萼、旗瓣、雄蕊、翼瓣、雌蕊、龙骨瓣、苞片

图4-1 蚕豆花图式示例
（注：图中标注为说明花各部分的图样，正式绘制花图式时不必进行标注）

绘制花图式的规则通常如下：

1. 花轴或花序轴

用空心或实心小圆圈"○"或"●"表示花轴或花序轴，绘在花图式的上方，作为花图式的定位点。

2. 苞片和小苞片

用中央带有一突起的空心新月形弧线表示，花轴对方的1片为苞片，如画2片在两侧，表示小苞片。

3. 花萼与花冠

花萼以具有突起的带横线条的新月形弧线表示，花冠以实心的新月形弧线表示。如果花萼、花冠为离生，则各弧线彼此分离；如果基部合生，则以虚线连接各弧线。同时注意绘出萼片、花瓣各轮的排列方式（如镊合状、覆瓦状、轮状、旋转状）以及它们之间的相对位置（如对生、互生）。如萼片、花瓣有距，则以弧线延长表示。

4. 雄蕊

以花药横切面表示雄蕊。绘制时注意表示出雄蕊的数目、排列方式、离合情况。如雄蕊退化，则以虚线圈表示。

5. 雌蕊

以子房横切面表示雌蕊。注意表示出心皮数目、离合、子房室数、胎座类型及胚珠着生情况等。

花图式有利于直观表示花各部分的结构、数目和排列特点，也能表示雌蕊子房中胎座的特点；而花程式可表现出雌蕊子房的位置关系。两者配合，才能完整表达某一种花的结构特征。因此在描述某一具体植物时，常常将花程式和花图式配合使用。

实验**5**
植物检索表的编制与应用

虽然很多识花电子软件，如"花伴侣""形色""百度识图"等，可以对拍照图像进行识别，是目前植物爱好者常用的认识植物的便捷方法，但是这种方法仍存在一定错误率，识别结果只能作为参考。对于植物分类学工作者和爱好者来说，专业的检索表仍然是用来鉴定植物种类、认识植物必不可少的工具。植物分类学研究者还要学会自行编制检索表。

检索表的编制均依据法国拉马克（Larmark）的二歧分类原则，通过对植物形态特征的比较，将同一关键特征分成相对应的两个分支，再把每个分支中的性状继续分成相对应的两个次级分支，如此下去，直至最后分出门、纲、目、科、属及种，按这种方式编制的检索表称为二歧检索表。

一、植物检索表的常见类型

目前最常用的检索表有以下两种格式类型：

1. 定距检索表

定距检索表把相对的一组特征编为同样的号码，排列时都从距左侧一定距离处开始，排列每下一组特征时，依次向右侧退一格。以蔷薇科的亚科分类检索表为例，定距检索表格式如下：

1. 果不开裂；具有托叶 …………………………………………………… 2

  2. 子房上位 ………………………………………………………………… 3

    3. 心皮多数，聚合瘦果或蔷薇果，多为复叶…蔷薇亚科（Rosoideae）

    3. 心皮1个，偶见2个或5个，核果，单叶 …… 李亚科（Prunoideae）

2. 子房下位或半下位，2至5心皮合生；梨果 … 苹果亚科（Maloidae）

1. 果开裂；蓇葖果或浆果，5心皮离生；无托叶 ……………………
…………………………… 绣线菊亚科（Spiraeoideae）

定距检索表的检索特征等距缩进排列，所含次级条目均排列于上级条目之下，阶层关系明显、清晰，查找方便，缺点是占篇幅较大。

2. 平行检索表

平行检索表是把相对特征的编码都从左侧同一位置排列，不退格，下一级要检索的编码写在每一条之后，直至编制的终点。在种类较多的时候，以这种格式排列可以节约篇幅。仍以上例说明：

1. 果开裂；蓇葖果或浆果，5心皮离生；无托叶 ……………………
…………………………… 绣线菊亚科（Spiraeoideae）

1. 果不开裂；具有托叶 ……………………………………… 2

2. 子房下位或半下位，2至5心皮合生；梨果 …… 苹果亚科（Maloidae）

2. 子房上位 ……………………………………………… 3

3. 心皮多数，聚合瘦果或蔷薇果，多为复叶…… 蔷薇亚科（Rosoideae）

3. 心皮1个，偶见2个或5个，核果，单叶………… 李亚科（Prunoideae）

平行检索表的优点是节约篇幅，缺点是看不出所属关系。

二、 植物检索表的编制方法

在进行植物分类学研究时，常常需要自行编制检索表。编制时需注意以下事项：

1. 明确编制范围

首先根据编制的用途和目的，确定所需编写植物检索表的范围。如可以编写某个地区观察到的植物，依次检索到门、纲、目、科、属、种。也可以只编写某个门检索到科，或某个科检索到属、种的检索表等。

2. 比较植物特征差异

由于二歧检索表中都是根据相对应的性状来进行划分，所以编制检索表时首先要认真观察、记录，比较植物特征，列出植物特征比较表，从中找出不同类群、不同种类之间的关键差异。

3. 选取关键的区别特征

要选择具有相反的或具有明显差异，易于观察、性状稳定的一对特征来编入检索表，不能似是而非。

一般认为，繁殖器官的特征较稳定，而某些营养器官如叶大小、长短、毛被等受环境因素影响变化较大，故在选取特征时，一定要注意区分。

4. 性状必须成对

每一个性状只能有2个选项，不能在同一个性状里有3个选项。

5. 简明性和实用性

检索表中列举的性状特征既要清晰可辨，又要简明扼要，以方便应用。相对条目中相同的特征不必列出，避免造成混淆，也避免占用过多篇幅，增加工作量。

6. 需经实践检验

检索表编制完成后，还需经过实践检验，进行不断验证、修改并补充，使之趋于完善。

三、植物检索表的使用

学会运用检索表来检索、鉴定植物，是学习植物分类学非常重要的技能之一。为了正确检索与鉴定植物，需要注意：

（1）在进行鉴定时，一定要有完整的植物样本。被子植物要具有花、果等重要器官，孢子植物要具有孢子囊等生殖结构。同时准备好解剖观察工具，如镊子、放大镜、体视显微镜等。

（2）选择合适的检索工具书。如《中国高等植物科属检索表》《中国高等植物图鉴》，或者地方的植物志、植物图鉴等，均附有分门、分纲、分目、分科、分属及分种的检索表。在植物志或植物图鉴中还附有种的绘图、形态描述、产地、生境、经济用途等。近年还出版了多部具有彩色照片的植物彩色图鉴，更加有利于对植物进行鉴定。

（3）依据检索工具书中检索条目的要求，对植物各部分性状进行认真的解剖观察、比对，并做好特征记录，这是鉴定工作成功的关键。检索表后一般附有名词术语解释及图例说明，在初学检索时要充分利用。

（4）在检索时，要根据植物的特征从头按次序逐项往下检索，决不能跳过一项去查下一项，否则极易出现错误。

（5）要全面核对相对应的两组性状，即使看到第一项性状已符合样本，也应看完另一项，充分比较，以确定哪一项描述更为切合。

（6）有时读完两项特征，仍不能做出判断，或者手头的样本缺乏某一项特征时，可以分别从两方面依次向下检索，获得几项候选的结果，然后利用植物图鉴的描述或图进行进一步核对判断。

（7）在检索有了结果时，仍需进一步对照植物样本的形态特征是否与植物志或植物图鉴的描述或图片完全一致，才能最终确定检索结果的正确性。如果有部分特征不一致，还需要重新研究，直到完全正确为止。

（8）使用某些地区性的检索表检索不到合适物种时，有可能是"新纪录"甚至是"新种""新分类群"，应特别注意。这时可通过进一步检索其他地区性资料、全国性资料，以及文献检索相关科属的分类学论文最终加以确定。

实验6
植物标本采集与腊叶标本制作

植物标本包含着一个物种的大量信息，诸如形态特征、地理分布、生态环境和物候期等，是植物分类和植物区系研究必不可少的科学依据，也是植物资源调查、开发利用和保护的重要资料。在自然界中，植物的生长和发育有其季节性以及分布地区的局限性。为了不受季节或地区的限制，有效地进行学习交流和教学活动，也有必要采集和保存植物标本。

植物标本因保存方式的不同可分许多种，有腊叶标本、液浸标本、浇制标本、玻片标本、果实和种子标本等。本实验介绍最常用的腊叶标本制作方法。

腊叶标本是将植物全株或部分（通常带有花或果等繁殖器官）干燥后并装订在台纸上进行永久保存的标本。这种标本制作方法最早于16世纪初由意大利人卢卡·吉尼（Luca Ghini）发明。世界上第一个植物标本室于1545年建于意大利帕多瓦大学。

一份合格的标本应具备如下特点：

（1）种子植物标本要带有花或果（种子），蕨类植物要有孢子囊群，苔藓植物要有孢蒴，以及其他有重要形态鉴别特征的部分，如竹类植物要有几片箨叶、一段竹杆及地下茎。

（2）标本上挂有号牌，号牌上写明采集人、采集号、采集地点和采集时间4项内容，据此可以按采集号查到采集记录。

（3）附有一份详细的采集记录，记录内容包括采集日期、地点、生境、性状等，并有与号牌相对应的采集人和采集号。

一、标本采集用具

1. 标本夹

标本夹是压制标本的主要用具之一。它的作用是将吸水纸和标本置于其内压紧，使枝叶平坦、花叶不致皱缩凋落，干燥后容易装订于台纸上。标本夹一般长约40 cm、宽30 cm，以宽3 cm、厚5~7 mm的结实木条，垂直每隔3~4 cm，用小钉钉牢，四周用较厚的木条嵌实。

2. 枝剪或剪刀

用以剪断木本或有刺植物。

3. 高枝剪

用以剪取徒手不能采集到的乔木上的枝条或陡险处的植物。

4. 采集箱、采集袋或背篓

用以临时收纳采集品。

5. 小铁铲和小铁镐

用来挖掘草本或矮小木本植物的地下部分。

6. 吸水纸

普通草纸，大小约40 cm×30 cm，用来吸收水分，使标本易干。也可用报纸代替。

7. 瓦楞纸

大小约40 cm×30 cm。因瓦楞纸强度大，质量轻，用来间隔在标本中，可使标本在压制过程中保持平整，不易变形。

8. 记录簿、号牌

用以野外记录用。记录表的格式参见表6-1。号牌则用白色卡纸剪成5 cm×3 cm大小的小标签，用棉线从一端穿过，以便系于标本上。

9. 便携式植物标本干燥器或吹风机

便携式植物标本干燥器用以烘干标本，代替频繁地换吸水纸。如果没有，则需每日更换吸水纸，并可以用吹风机吹干换下的潮湿吸水纸，或自然晾晒干燥。

10. 其他

海拔仪、地球卫星定位仪（GPS）、照相机、钢卷尺、放大镜、铅笔等用品。

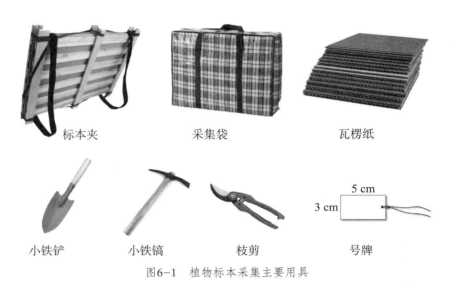

标本夹   采集袋   瓦楞纸

小铁铲   小铁镐   枝剪   号牌

图6-1 植物标本采集主要用具

二、标本的采集

应选择有代表性特征的植物体各部分器官，除采枝叶外，尽量采全花和果。如果根、地下茎或树皮具有特殊特征，也必须同时选取少许压制。每种植物要采2至多份。要用枝剪来剪取标本，不要徒手折，因为徒手折容易伤树，断口处压成标本也不美观。不同的植物标本应用不同的方法进行采集。

1. 木本植物

应采典型、有代表性特征、带花或果的枝条。对先花后叶的植物，应在同一植株上先采花，后采枝叶；雌雄异株或同株的，雌雄花应分别采取。一般应采2年生的枝条，因为2年生的枝条较1年生的枝条常常有许多不同的特征，同时还可见该树种的芽鳞有无和多少。如果是乔木或灌木，标本的先端不能剪去，以便区别于藤本类。

2. 草本及矮小灌木

要采取地下部分如根状茎、鳞茎、匍匐茎、块茎、块根或根系等，以及开花或结果的全株。

3. 藤本植物

剪取中间一段，应能反映它的藤本性状。

4. 寄生植物

须连同寄主一起采压。并且需在采集记录表上记录寄主的种类、形态、同被采寄生植物的关系等。

5. 水生植物

很多有花植物生活在水中，有些种类具有地下茎，有些种类的叶柄和花柄是随着水的深度而增长的。因此采集这类植物时，有地下茎的应采取地下茎，这样才能显示出花柄和叶柄着生的位置。但必须注意有些水生植物全株都很柔软而脆弱，一提出水面，它们的枝叶即彼此粘贴重叠，携回室内后常失去其原来的形态。因此，采集这类植物时，最好整株捞取，用塑料袋包好，放在采集箱里，带回室内立即将其放在水盆中。等到植物的枝叶恢复原来形态时，用一张旧报纸，托在浮水的标本下轻轻将标本提出水面后，立即放在干燥的吸水纸里妥善压制。

6. 蕨类植物

采生有孢子囊群的植株，连同根状茎一起采集。

三、野外记录

在野外采集时要做好记录工作。我们在野外采集时只能采集整株植物体的一部分，而且有不少植物压制后与原来的颜色、气味等差别很大。如果所采回的标本没有详细记录，日后记忆模糊，就不可能对这种植物完全了解，鉴定植物时也会更加困难。所以，在野外采集前必须准备足够的采集记录表（表6-1），必须随采随记。

表6-1　植物标本采集记录表

采集日期：		
产地：　　　　　　　　省　　　　　　　　　　　　县（市）		
生境：　　　　　　　　　　　　海拔：　　　　　m		
习性：		
株高：　　　　m　　　胸径：　　　　　　　　　cm		
叶：　　　　　　　　　　树皮：		
花：		
果实：		
附记：		
科名：　　　　　　　　种中文名：		
种学名：		
采集人：　　　　　　　采集号：		

记录工作一般应掌握2条基本原则：

（1）记录在野外能看得见，但在制作标本时无法保存的内容。

（2）记录标本压干后会消失或改变的特征。

例如：有关植物的产地、生长环境、习性，叶、花、果的颜色，有无香气和乳汁，采集日期以及采集人和采集号等必须记录。记录时应该注意观察，有些植物同一株上有两种叶形，如果采集时只能采到一种叶形，就要靠记录工作来帮助。此外，如禾本科植物芦苇等高大的多年生草本植物，只能采到其中的一部分。因此，必须将它们的高度、地上茎及地下茎的节的数目、颜色等记录下来，这样采回来的标本对植物分类工作才有价值。

采集标本时除了填写采集记录表之外，还需在采集号牌上记录采集人、采集号、采集地点和采集时间4项内容，并立刻将采集号牌系在植物标本上，同时要注意检查采集记录上的采集号与号牌上的是否相符。同一采集人的采集号要连续、不重复，同种植物的复份标本要编同一号。一定要注意将记录表上的情况与所采的标本相对应，这点很重要。如果发生错误，就失去标本的价值，甚至影响到标本鉴定工作。

四、标本的压制

1. 整形

对采到的标本，需根据有代表性、面积要小的原则做适当的修理和整枝，剪去多余密叠的枝叶，以免遮盖花、果，影响观察。如果叶片太大，不能在夹板上压制，可沿着中脉的一侧剪去全叶的40%，保留叶尖。若是羽状复叶，可以将叶轴一侧的小叶剪短，保留小叶的基部以及小叶片的着生部位，保留羽状复叶的顶端小叶。对肉质植物如景天科、天南星科、仙人掌科等，先用沸水杀死。对球茎、块茎、鳞茎等，除用沸水杀死外，还要切除一半，再压制，以促使其干燥。

2. 压制

整形、修饰过的标本及时挂上号牌。用标本夹中的一块木夹板做底板，上置瓦楞纸及吸水纸4～5张。然后将标本逐个与吸湿纸相互间隔，平铺在夹板上，并使上下标本适当错开位置摆放。在一张吸湿纸上放一种植物，若枝叶拥挤、卷曲，要拉开伸展，叶要正反面都有，过长的草本或藤本植物可作"N""V""W"形的弯折（图6-2）。几份标本之间用瓦楞纸隔开，以保证

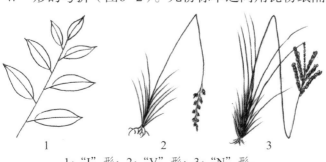

1："I"形；2："V"形；3："N"形。

图6-2　植物标本的压制形状

枝叶平展。最后将另一块木夹板盖上，用绳子缚紧。

3. 换纸干燥

标本压制最初两天要勤换吸水纸，每天早晚各换一次，并将换出的湿纸晒干或烘干。换纸是否勤和干燥，对压制标本的质量影响很大。如果超过两天不换干纸，标本颜色会转暗，花、果及叶脱落，甚至发霉腐烂。在第二、三次换纸时，要注意对标本整形，使枝叶展开，无褶皱。易脱落的果实、种子和花，要用小纸袋装好，做好标记，放在标本旁边，以免翻压时丢失。

4. 干燥器干燥

标本也可用便携式植物标本干燥器烘干（图6-3）。便携式植物标本干燥器可根据烘干内容，在50～65 ℃内调节，标本干燥一般耗时6～8 h。利用干燥器压制标本，不需要人工频繁地更换和晾晒吸水纸，提高干燥速度，降低工作量，标本不因频繁换纸而损失，也不受气候影响，且能较好地保持标本的色泽。同时，干燥器所用的红外辐射有杀虫、灭菌作用，有利于植物标本的长期保存。

图6-3　植物标本干燥器

5. 标本临时保存

标本干后，如不立刻上台纸，可留在吸水纸中保存较长时间。如吸水纸不够用，也可从吸水纸中取出，夹在旧报纸内暂时保存。

五、标本的装订

把干燥的标本放在台纸（一般用250 g或350 g白板纸）上，台纸大小通常为42 cm×29 cm。但市场上纸张规格为109 cm×78 cm，照此只能裁5开，浪费较多；为经济着想，可裁8开，大小为39 cm×27 cm，也同样可用。一张台纸上只能订一种植物标本，标本的大小、形状、位置要经适当的修剪和安排，然后用棉线或纸条订好，也可用胶水粘贴。通常留出台纸的右下角和右上角，以贴上鉴定名签和野外采集记录（图6-4）。脱落的花、果、叶等，可装入小纸袋，粘贴于台纸的左下方。

图6-4 桔梗腊叶标本

六、标本的保存

装订好的标本，经定名后，都应放入标本柜中保存。标本柜应放置于专门的标本室内，注意干燥、防蛀（放入樟脑丸等除虫剂）。标本室中的标本应按一定的顺序排列。科通常按分类系统排列，也有按地区排列或按科名拉丁字母顺序排列；属、种一般按学名拉丁字母顺序排列。

七、标本的杀虫与灭菌

为防止害虫蛀食标本，必须进行消毒。通常用升汞（即氯化汞$HgCl_2$，有剧毒，操作时需特别小心）配制0.5%的酒精溶液，倾入平底盆内，将标本浸入溶液处理1～2 min，再拿出夹入吸水纸内干燥。此外，也可用敌敌畏、二硫化碳或其他药剂熏蒸消毒杀虫。

在保存过程中也会发生虫害，如标本室不够干燥还会发霉，因此必须经常检查。对标本造成危害的昆虫有药材窃蠹（*Stegobium paniceum*）、烟草窃蠹（*Lasioderma serricorme*）、西洋衣鱼（*Lepisma saccharinq*）（图6-5）、线形薪甲（*Cartodere filum*）、书虱（*Liposcelis* sp.）、地毯甲虫（*Anthrenus verbasci*）等，非昆虫有害生物有螨类、霉菌等。虫害和霉变的防治可从以下三个方面着手：

1.隔绝虫源

包括门、窗安装纱网；标本柜的门能紧密关闭；新标本或借出归还的标本入柜前严格消毒杀虫。

2. 环境条件的控制

标本室的温度应保持在20～23 ℃，湿度在40%～60%；内部环境应保持干净。

3. 定期熏蒸

每隔2～3年或在发现虫害时，采用药物熏蒸的办法灭虫。常用药品有甲基溴、磷化氢、磷化铝、环氧乙烷等。但这些药品均有很强的毒性，应请专业人员操作或在其指导下进行。此外，也可用除虫菊酯和硅石粉混合制成的杀虫粉除虫，这种杀虫粉毒性低，无残留，比较安全。在标本柜内放置樟脑丸也能有效地防止标本的虫害。

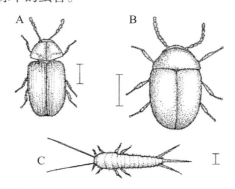

A.药材窃蠹；B.烟草窃蠹；C.西洋衣鱼（图中标尺为1 mm）。

图6-5　标本室常见昆虫（引自植物标本馆手册）

八、国内外主要植物标本馆

根据国际植物分类学会官方的权威出版物《世界植物标本馆索引》（*Index Herbariorum*，https://www.iaptglobal.org/）的统计，截止到2018年12月，共记载178个国家或地区的3 095家标本馆，累计总馆藏标本3.89亿份。馆藏标本200万份以上的大型植物标本馆有36家（表6-2），主要集中于欧美发达国家。收藏量最多的机构其标本已经有800多万份。中国科学院植物研究所标本馆以2017年265万份收藏量居第25位[*]。

---

　　* 世界标本馆数据引自：葛斌杰，严靖，杜诚，马金双.世界与中国植物标本馆概况简介［J］.植物科学学报，2020，38（2）：288-292.

2019年出版的《中国植物标本馆索引》（第二版）记录了中国359家植物标本馆。其中最大的10家标本馆见表6-3。

表6-2　世界馆藏量200万份以上的大型植物标本馆

序号	机构	国家	建馆时间（年）	最后更新时间（年）	馆藏量/万份
1	法国国家自然历史博物馆	法国	1635	2017	800
2	纽约植物园	美国	1891	2018	780
3	皇家植物园-邱园	英国	1852	2017	700
4	荷兰自然生物多样性中心	荷兰	1829	2019	690
5	密苏里植物园	美国	1859	2018	660
6	日内瓦植物园	瑞士	1824	2017	600
7	俄罗斯科学院科马洛夫植物研究所	俄罗斯	1823	2018	600
8	维也纳自然史博物馆	奥地利	1807	2018	550
9	英国自然历史博物馆	英国	1753	2016	520
10	史密森学会	美国	1848	2019	510
11	哈佛大学植物标本馆	美国	1842	2016	500.5
12	意大利国家自然历史博物馆	意大利	1842	2011	500
13	瑞典国家自然历史博物馆	瑞典	1739	2017	457
14	里昂第一大学	法国	1924	2016	440
15	梅瑟植物园	比利时	1870	2019	400
16	柏林-达勒姆植物园	德国	1815	2017	380
17	蒙彼利埃大学	法国	1809	2019	350
18	耶拿大学	德国	1896	2017	350
19	赫尔辛基大学	芬兰	1751	2019	350

序号	机构	国家	建馆时间（年）	最后更新时间（年）	馆藏量/万份
20	慕尼黑国立植物陈列馆	德国	1813	2015	320
21	乌普萨拉大学演化博物馆	瑞典	1785	2016	310
22	爱丁堡皇家植物园	英国	1839	2017	300
23	哥本哈根大学	丹麦	1759	2018	290
24	菲尔德自然史博物馆	美国	1893	2015	270
25	中国科学院植物研究所	中国	1928	2017	265
26	隆德大学	瑞典	1770	2018	250
27	加利福尼亚州科学院	美国	1853	2018	230
28	乌克兰国家科学院Kholodny植物研究所	乌克兰	1921	2018	226
29	布拉格查理大学	捷克共和国	1775	2016	220
30	加州大学	美国	1872	2017	210
31	匈牙利自然历史博物馆	匈牙利	1870	2019	210
32	布拉格国家博物馆	捷克共和国	1818	2016	200
33	法国国家自然历史博物馆隐花植物分馆	法国	1904	2014	200
34	苏黎世联邦理工学院	瑞士	1859	2018	200
35	印度植物调查所	印度	1793	2018	200
36	印度尼西亚科学院生物学研究中心	印度尼西亚	1841	2015	200

表6-3 中国十大植物标本馆

标本馆及代码	标本数量/份	建馆时间（年）
中国科学院植物研究所标本馆（PE）	2 650 000	1928
中国科学院昆明植物研究所标本馆（KUN）	1 450 000	1938
中国科学院华南植物园标本馆（IBSC）	1 050 000	1927
西北农林科技大学生命科学学院标本馆（WUK）	750 000	1936
四川大学生命科学学院植物标本室（SZ）	720 000	1935
中国科学院植物研究所标本馆（NAS）	700 000	1923
中国科学院沈阳应用生态研究所标本馆（IFP）	600 000	1954
中国科学院菌物标本馆（HMAS）	500 000	1953
广西植物研究所标本馆（IBK）	400 000	1935
重庆市中药研究院标本馆（SM）	330 000	1956

实验7
植物浸制标本的制作与保存

用化学药剂配成保存液将植物浸泡起来制成的标本叫植物浸制标本或液浸标本。植物整体和根、茎、叶、花、果实各部分器官均可以制成浸制标本。尤其是植物的花、果实，幼嫩、微小、多肉的植物，经压干后，容易变色、变形，不易观察。制成浸制标本后，可保持原有的形态，这对于教学和科研工作具有重要的意义。

一、植物浸制标本的种类

植物的浸制标本，由于要求不同，处理方法也不同，常见的一般有以下几种：

（1）整体浸制标本：将整个植物按原有的形态浸泡在保存液中。

（2）解剖浸制标本：将植物的某一器官加以解剖，以显露出主要观察的部位，并浸泡在保存液中。

（3）系统发育浸制标本：将植物系统发育如生活史各环节的材料放在一起，浸泡在保存液中。

（4）比较浸制标本：将植物相同器官但不同类型的材料放在一起，浸泡在保存液中。在制作植物的浸制标本时，要选择发育正常，具有代表性的新鲜标本，采集后，先在清水中除去污泥，经过整形，放入保存液中。如标本浮在液面，可用玻璃棒暂时固定，使其下沉，待细胞吸水后，即自然下沉。

二、浸制标本的采集制作

浸制标本的制作，主要是保存液的配制。下面介绍几种常用保存液的配制方法。

1. 普通浸制标本保存液

普通浸制标本主要用于浸泡教学用的实验材料如花、果或地下鳞茎、球茎等，由于不要求保持原色，故方法简单，价格便宜，易于掌握。常用的保存液配方如下：

A. 体积分数4%～5%的甲醛水溶液（即福尔马林溶液，最常用，价格最低）。

甲醛（市售者含量为40%）	5～10 mL
蒸馏水定容至	100 mL

B. 70%酒精液（价格略贵，所浸制的标本较甲醛液软一些）。

95%酒精	100 mL
蒸馏水	195 mL
甘油	5～10 mL

C. 甲醛、醋酸、酒精混合液（简称FAA，浸制效果较前两种好，但价格较贵）。

70%酒精	90 mL
甲醛	5 mL
冰醋酸	5 mL

2. 保色液浸标本的制作

保色液浸标本主要用于科学研究和教学示范，制作方法较为复杂，分别介绍如下：

（1）绿色浸制标本：绿色浸制标本的基本原理是用铜离子置换叶绿素中的镁离子。首先利用酸作用把叶绿素分子中的镁分离出来，使它成为不含镁的叶绿素，即植物黑素。然后使另一种金属（醋酸铜中的铜）进入植物黑素中，使叶绿素分子中心核的结构恢复有机金属化合状态。根据这一原理，可

以用下述几种方法制作绿色浸制标本：

A. 取醋酸铜粉末，徐徐加入体积分数50%的冰醋酸中，用玻璃棒搅拌之，直至饱和为止，称为母液。将1份母液加4份水稀释，加热至85 ℃时，将标本放进去，这时标本由绿色变成黄绿色，这说明叶绿素已转变为植物黑素（醋酸作用）。继续加热时，标本又变成偏蓝的绿色，这说明铜离子已经代替了镁离子。此时停止加热，用清水冲洗标本上的药液，放入5%的甲醛液或70%的酒精中保存。以铜原子作核心的叶绿素是不溶于甲醛溶液或酒精的，同时这种化合物很稳定，不易分解破坏，因此，经过这样处理过的绿色浸制标本就可以长久保存。

B. 比较薄嫩的植物标本，不用加热，放在下面的保存液中浸泡即可：

50%酒精	90 mL
甲醛	5 mL
甘油	2.5 mL
冰醋酸	2.5 mL
氯化铜	10 g

C. 植物表面附有腊质的标本，不易浸泡，在以下保存液中效果较好：

硫酸铜饱和水溶液	750 mL
甲醛	50 mL
蒸馏水	250 mL

将标本在上述溶液保存液中浸泡2周，然后放入体积分数4%～5%的甲醛溶液中保存。

D. 植物的绿色果实，放在如下溶液中效果较好：

硫酸铜	85 g
亚硫酸	28.4 mL
蒸馏水	2 485 mL

将标本在上述保存溶液中浸泡3周后，再放入如下保存液中长久保存。

亚硫酸	284 mL
蒸馏水	3 785 mL

（2）红色浸制标本：

A：

硼酸	450 g
体积分数75%~90%酒精	200 mL
甲醛	300 mL
蒸馏水	400 mL

B：

体积分数6%亚硫酸	4 mL
氯化钠	60 g
甲醛	8 mL
硝酸钾	4 g
甘油	240 mL
蒸馏水	3 875 mL

C：

硼酸	3 g
甲醛	4 mL
蒸馏水	400 mL

将材料放入上述三种浸制液之一中浸泡1~3天后取出，放入下述混合液中保存。

甲醛	25 mL
甘油	25 mL
蒸馏水	1 000 mL

（3）黑色、紫色浸制标本：

A：

甲醛	450 mL
95%酒精（市场售卖商品）	2 800 mL
蒸馏水	2 000 mL

*此液产生沉淀，需过滤后使用。

B：

甲醛	500 mL
10%氯化钠水溶液	1 000 mL
蒸馏水	8 700 mL

（4）黄色浸制标本：

体积分数6%亚硫酸	268 mL
体积分数80%～90%酒精	568 mL
蒸馏水	450 mL

（5）白色、浅绿色浸制标本：

A：

氯化锌	225 g
80%～90%酒精	900 mL
蒸馏水	6 800 mL

B：

氯化锌	50 g
甲醛	25 mL
甘油	25 mL
蒸馏水	1 000 mL

C：

质量分数15%氯化钠水溶液	1 000 mL
质量分数2%亚硫酸钠溶液	20 mL
甲醛溶液	10 mL
质量分数2%硼酸	20 mL

（6）无色透明浸制标本：

将标本放入95%酒精中，在强烈的日光下漂白，并不断更换酒精，直至植物体透明坚硬为止。

当保存液配制完毕后，将植物标本放入保存液中浸泡，加盖后用熔化的石蜡将瓶口严密封闭。浸泡标本的瓶子最好选用250 mL或500 mL的广口瓶。

如标本过大，可选择合适规格的标本瓶浸泡。浸泡时药液不可过满，标本制好后随即加盖，再用石蜡或凡士林封口以防药液挥发。在标本瓶上贴标签，注明标本的科名、学名、中文名、产地、采集时间与制作人。若浸制标本和腊叶标本是同号标本，可将腊叶标本的采集号注在浸制标本的标签上，以防混乱。浸制标本做好后，按照一定规律放在阴凉、不受日光照射的陈列柜中妥善保存。

02

第二篇

观察与验证型实验

实验 8
植物细胞的结构观察

一、实验目的和要求

（1）观察认识并掌握植物细胞在光学显微镜下的基本结构和特征。

（2）观察了解植物各细胞器的形态结构。

二、实验材料和用品

新鲜材料：洋葱鳞茎、番茄果实、红辣椒或青椒果实、马铃薯块茎等。

永久制片：蓖麻种子切片、柿子胚乳切片等。

实验用品：显微镜、载玻片、盖玻片、纱布、碘-碘化钾（I_2-KI）溶液、培养皿、双面刀片、单面刀片、蒸馏水、毛笔等。

I_2-KI溶液配制方法：用2 g碘化钾溶解在5 mL蒸馏水中，加碘1 g，待溶解后加蒸馏水稀释到300 mL，保存在棕色试剂瓶中。

三、实验内容和方法

1.洋葱鳞叶表皮细胞结构

洋葱鳞茎主要由许多层变态的肉质鳞叶构成。每一鳞叶的两面覆盖着由一层细胞所组成的很薄的表皮。制片时，先用刀片轻轻把鳞叶的表皮割成许多长宽约5 mm的小方块。然后准备载玻片。在载玻片的正中滴上一小滴蒸馏水。用镊子轻轻撕下一小方块表皮，表面向上放到水滴中，用镊子或解剖针将材料拨平展，然后盖上盖玻片。

制片做好后，按之前学习的显微镜使用方法进行观察。

先用低倍镜观察，可以看到洋葱鳞叶表皮是由许多小室组成的组织，有点像小网，每个网眼就是一个细胞。当仔细观察，特别是转到高倍镜观察时，就能发现它实际上是一个立体结构的关闭的盒子。因为盒子的壁（细胞壁）是透明的，所以往往只能看到细胞的侧壁，而上面和下面的壁几乎看不见，因此用的光线一定不要太强。洋葱鳞叶表皮细胞的细胞壁内的大部分空间是一个中央大液泡，细胞质只是细胞壁和液泡之间薄薄的一层。成熟的植物薄壁细胞结构大都如此。在细胞核内有时还可以看到1～2个核仁。但是要看到它，必须用聚光器仔细调节光圈，并用微调焦旋钮对焦。

在观察完洋葱鳞叶表皮细胞的自然生长状态以后，再用I$_2$-KI溶液染色观察。方法是在盖玻片的一侧加一小滴I$_2$-KI溶液，在盖玻片另一侧用吸水纸吸引，使溶液流向材料。可以看到细胞质呈浅黄色，细胞核呈黄褐色（图8-1）。

注意，放置盖玻片的方法：用手拿住盖玻片的两个角，或用镊子夹住一个边，先轻轻放下盖玻片的一边，然后小心地放下手拿的另一个边。水应当充满整个盖玻片下的面积，但又不从它的下面流出来。所以滴加的水不宜过多。假如水不够，可从盖玻片的边缘加入一小滴；过多时则用吸水纸从盖玻片的边缘吸去一部分。注意不要使盖玻片的上面浸湿，假如发生这种情况，应将盖玻片擦干后重做。

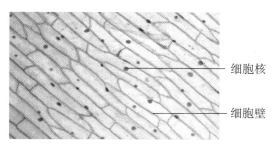

细胞核

细胞壁

图8-1　洋葱鳞叶表皮细胞

2. 番茄果肉中的有色体

有色体也称杂色体，是含有胡萝卜素及叶黄素的质体，由于两种色素比例不同，可分别呈黄色、橙色或橙红色。有色体主要存在于花、果实中，有

时也见于植物的营养器官，如胡萝卜的根。

取番茄果实，用镊子撕开果皮，挑取少量果肉放在载玻片上的水滴中，加盖玻片做成水封片，并轻轻用镊子压盖玻片，使其组织分散成单个细胞，在低倍镜下找到那些分散的完整的细胞，然后转到高倍镜下观察，注意有色体的形状及其在细胞中的位置。

注意事项：番茄果肉细胞较大，水封片时不宜过干，否则细胞变形严重。

3. 辣椒果实表皮的初生纹孔场

植物细胞壁有初生壁和次生壁之分。在植物细胞初生壁上较薄的区域称为初生纹孔场。切取一块长宽约1 cm的新鲜红（青）辣椒果皮，将内果皮朝上平放在载玻片上，用刀片尽可能刮去果肉，只剩表皮层，将留下的表皮加 I_2-KI溶液染色制成临时装片观察。可见相邻细胞间的细胞壁局部呈念珠状结构，凹陷处即为初生纹孔场（图8-2）。

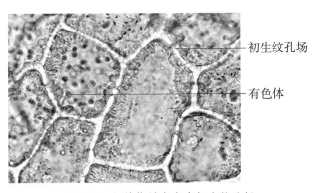

初生纹孔场

有色体

图8-2　红辣椒果实表皮初生纹孔场

4. 马铃薯块茎中的贮藏物质

马铃薯块茎中贮藏着丰富的淀粉。取马铃薯块茎做徒手切片，先将材料用小刀切割成长2～3 cm、横切面边长3～4 mm的长条。为便于切片，可在材料的切面上用毛笔沾上水润湿材料。切成的切片，放在盛有蒸馏水的培养皿中，挑选最薄的切片用镊子夹出做水封片观察。

马铃薯的淀粉粒有三种类型。经常看到的是较大而只有一个核心的，叫

作单粒。有时能看到体积较小，有两个或
两个以上核心，每一个核心各有轮纹环绕
着的淀粉粒，叫作复粒。另一种叫作半复
粒的，每一淀粉粒也有两个或两个以上核
心，但各核心除有各自的少数轮纹外，还
有共同的轮纹包围着（图8-3）。

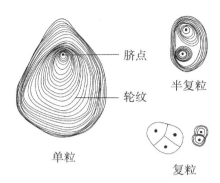

图8-3　马铃薯的淀粉粒类型

在马铃薯块茎细胞内，往往许多淀粉
粒挤得很紧，彼此遮盖着，看不清楚单个
淀粉粒的结构。可以用镊子或针的尖端从切开的马铃薯块茎上轻轻刮下一些
混浊的液汁，移在载玻片上的一滴水中，盖上盖玻片来观察淀粉粒的结构。

为证明观察到的颗粒确由淀粉组成，可进行碘反应，从盖玻片的一侧加
一滴稀碘液，随即在显微镜下观察。随着碘液的扩散，可以看到淀粉粒逐渐
改变颜色，从淡紫色到深紫色，最后几乎成为黑色。

5. 柿胚乳切片观察胞间连丝

柿胚乳是一种具有生活原生质体的特殊薄壁组织——贮藏组织。这种薄
壁细胞将贮藏的营养物质半纤维素沉积在细胞壁上，使其初生壁加厚。取柿
胚乳细胞永久制片，置低倍镜下观察，再换高倍镜观察。在较厚的初生壁上
有纹孔，可见到横贯细胞壁的细丝，这就是胞间连丝（图8-4）。

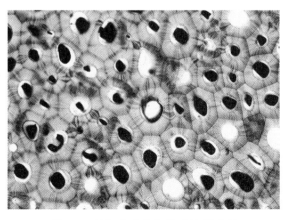

图8-4　柿胚乳永久切片示胞间连丝

6. 蓖麻种子中的贮藏物质

蓖麻种子为双子叶有胚乳种子，其贮藏物质贮于胚乳中，主要是蛋白质（约占干重的20%）和脂肪（约占干重的65%）。取浸泡后的蓖麻种子，除去坚硬的种皮，然后做徒手切片。切片放入盛有酒精的小杯中浸泡几分钟，使切片中含有的脂肪溶解掉。然后选择最薄的切片置载玻片上，滴加稀碘液染色并加盖玻片封片。

或直接取蓖麻种子永久切片，先在低倍镜下观察，选择结构清楚的细胞，再转到高倍镜下观察。在细胞内无定形的胶质中，含有许多较大而有一定结构的蛋白质粒，每一蛋白质粒含有一个或多个拟晶体和球晶体。蛋白质粒在碘液中被染成淡黄色。

四、作业

绘洋葱鳞叶表皮细胞结构图。

五、思考题

（1）植物细胞有哪些基本构造？这些构造在一个立体细胞中是怎样分布的？

（2）什么是原生质？什么是原生质体？在本次实验中你如何区分它们？

（3）细胞核包埋在细胞质之内，是一个折光性较强的球状体，但有时看起来好像是在液泡中一样，为什么？

（4）什么是胞间连丝？胞间连丝有何功能？

（5）柿胚乳细胞的细胞壁是初生壁还是次生壁？

（6）植物器官的不同颜色是由什么决定的？如何判断和鉴别？

（7）植物细胞中有哪些代谢产物？如何鉴别？

实验9
植物细胞的有丝分裂和分生组织

一、实验目的与要求

（1）观察了解根尖分生组织的形态结构和细胞特征。

（2）掌握有丝分裂各个时期的细胞核特征。

二、实验材料和用品

1. 实验材料

新鲜材料：洋葱根、小麦根等。

永久制片：洋葱根尖、玉米根尖或小麦根尖纵切永久制片。

2. 实验用品

显微镜、载玻片、盖玻片、镊子、刀片、培养皿、蒸馏水、毛笔、纱布、滴管等。

3. 试剂

I_2-KI溶液、卡诺氏液（乙醇：冰醋酸按体积比3∶1混合）、1 mol/L盐酸、体积分数为70%的酒精、0.01 g/mL或0.02 g/mL的醋酸洋红溶液或龙胆紫溶液等。

三、实验内容和方法

1. 洋葱根尖有丝分裂的制片与观察

制作流程：固定—解离—漂洗—染色—制片。

（1）固定：将洋葱鳞茎基部浸泡在水中，几天后便能长出新根。洋葱根尖生长锥（分生区）的细胞分裂常集中发生于夜间12点和中午12点前后，在此时间用刀片切取长约1 cm的洋葱根尖固定在卡诺氏液中，固定时间为12～24 h。如果长期保存，可将根尖转移到体积分数为70%的酒精溶液中。

（2）解离：取固定好的洋葱根尖，将顶端生长锥切下（长2～3 mm），放入事先预备好的1 mol/L盐酸中，室温下解离1～10 min，至根酥软为止。解离时间需适宜。解离时间太长使细胞结构被破坏，影响制片效果。解离时间太短则不易使细胞分离，观察时细胞容易重叠。

（3）漂洗：将解离好的根尖用镊子取出，放入盛有清水的培养皿中漂洗约10 min，防止解离过度。

（4）染色：将根尖放入0.01 g/mL或0.02 g/mL的醋酸洋红溶液或龙胆紫溶液中，染色3～5 min，使染色体着色。

（5）制片：取出根尖，放置于载玻片上，加1滴清水，盖上盖玻片。用镊子轻压盖玻片，将根尖压碎。

（6）观察：取制作好的装片，先在低倍镜下找到材料后，再换高倍镜观察。洋葱根尖先端一团组织细胞较长，结合松散，经压片后往往分离成单个细胞，这是根冠。被根冠包围及其稍后的部分，细胞较小，直径相近，细胞质较浓，没有液泡，核呈球形，占据细胞的中央，占细胞的比例相当大；细胞排列紧密，无细胞间隙。有时还可以看到其中一些细胞处于分裂时期。这一部分为根的生长锥，即根的原生分生组织和初生分生组织。

细胞的有丝分裂是一个连续不断的过程，在制片中只能观察到一些正在分裂的不同阶段的情况。为了便于了解，人为地把它分为若干时期：

（1）分裂间期：细胞中具有一个较大的核，其中含有1～2个核仁。

（2）前期：染色质细丝缩短变粗，凝缩为染色体，核膜溶解，核仁消失。

（3）中期：染色体排列在细胞中央的赤道板上。

（4）后期：染色体纵裂为二后，两个子染色体各自移向两极。

（5）末期：移到两极的子染色体逐渐变细、拉长，核膜形成，核仁又出现。在原来赤道板位置形成新细胞壁，从而分裂成两个子细胞（图9-1）。

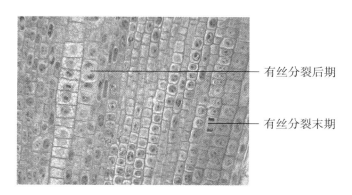

　　　　　　　　　　　　　　　　　　　　　——有丝分裂后期

　　　　　　　　　　　　　　　　　　　　　——有丝分裂末期

图9-1　洋葱根尖分生区显微结构图

2. 玉米根尖分生组织的观察

　　取玉米根尖纵切永久制片（或小麦、洋葱等根尖纵切永久制片），置低倍镜下观察整个根尖的大体结构。玉米根尖顶端有一帽状根冠组织，沿着根冠向上观察与其接触的区域，即为生长点，生长点的细胞排列紧密，无胞间隙，细胞个体小，为等径多面体，壁薄、质浓，核大而明显，即为原分生组织。然后观察生长锥后一部分，即初生分生组织区，它是由原分生组织的细胞衍生而来的，细胞已有初步的分化，最外层为原表皮，原表皮以内是基本分生组织，中央染色较深的柱状部分为原形成层，细胞为细长的棱柱状。

四、作业

　　从切片中找出细胞周期中各个时期细胞，并说明其结构特点。

五、思考题

　　（1）你所观察到的初生分生组织细胞结构与原分生组织细胞结构有何区别？

　　（2）什么是细胞周期？细胞周期又分为哪几个时期？各时期细胞核相有什么特点？

实验10
植物的成熟组织

实验目的与要求

观察掌握成熟组织的形态结构和细胞特征。

实验材料与用品

1. 实验材料

新鲜材料：鸭跖草叶、芹菜叶柄、桑树皮、梨果实、甘薯块根、马铃薯块茎、新鲜柑橘果皮。

永久制片：南瓜茎纵切、椴树茎横切、松树茎纵切、蚕豆叶表皮、玉米叶表皮、松针叶横切。

2. 实验用品

用品：显微镜、载玻片、盖玻片、镊子、刀片、培养皿、蒸馏水、滴管等。

试剂：番红溶液、浓盐酸、间苯三酚溶液、铬酸−硝酸离析液、体积分数为70%的酒精等。

实验内容及方法

1. 保护组织的观察

（1）初生保护组织：表皮及其附属物。

① 取蚕豆叶下表皮永久制片，置显微镜下观察，可以看到表皮细胞排列很紧密，无胞间隙，细胞壁薄，呈波纹状，互相嵌合。细胞核一般靠近细胞壁，细胞质无色透明，不含叶绿体。在表皮细胞之间，还可以看到一些由

两个肾形保卫细胞组成的气孔。保卫细胞有明显的叶绿体，也有细胞核（图10-1）。

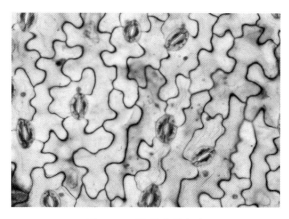

图10-1　蚕豆叶下表皮

② 取单子叶禾本科植物玉米或小麦叶表皮永久装片，置显微镜下观察。可见其表皮细胞形状较规则，呈纵行排列，由长细胞和短细胞（硅质细胞和栓质细胞）两种细胞相间排列，不含叶绿体。气孔器由两个哑铃形的保卫细胞和两个副卫细胞组成（图10-2）。

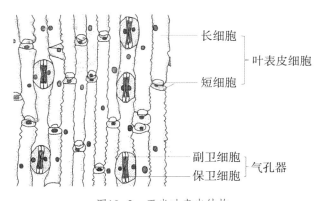

图10-2　玉米叶表皮结构

③ 取鸭跖草叶片，用刀片切取一块叶片背面向上放在桌面上。再用刀片轻轻划破表面（注意用力不要太大而把叶片切断），划成边长3~5 mm的小方块。然后用镊子从破口插入，仔细撕下一小块无色透明的表皮，表面向上迅速放于预先准备好的载玻片上的一滴蒸馏水中，制成临时装片，置显微镜下观察。先在低倍镜下观察，然后转到高倍镜下观察。

表皮细胞的特征是没有叶绿体，在光线较暗的情况下可以看到较大的细胞核。核的周围有大量少而透明的小球状颗粒，这是白色体。但白色体在剥下的表皮细胞受伤后，极易解体消失，所以不是每个细胞都能看得到白色体。表皮细胞中含有大量的晶体，是细胞的后含物。

鸭跖草叶片的气孔器由成对的肾形或棒状保卫细胞及周边的4个副卫细胞组成（图10-3）。保卫细胞中有叶绿体存在。在成对的保卫细胞之间有不大的细胞间隙。这是真正的气孔，应仔细观察气孔是不是开着的。

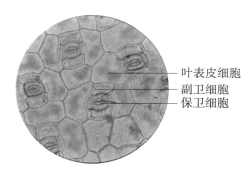

叶表皮细胞
副卫细胞
保卫细胞

图10-3　鸭跖草叶下表皮结构

（2）次生保护组织：周皮及皮孔。

取椴树茎横切永久制片，置显微镜下观察，可见在椴树茎横切面的外围有数层呈短矩形的死细胞，呈径向排列，紧密而整齐，细胞壁栓质化，即为木栓层。

木栓层有些部位破裂、向外突起，裂口中有薄壁细胞填充，即为皮孔。

木栓层以内有1~2层具明显细胞核、细胞质浓厚、壁薄的扁平细胞，即为次生分生组织——木栓形成层。

木栓形成层以内，有1~2层径向排列的薄壁细胞，即为栓内层。

木栓层、木栓形成层、栓内层合称为周皮（图10-4）。

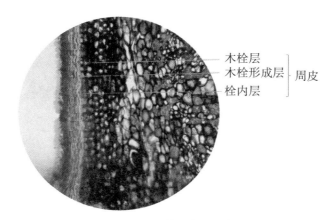

图10-4 椴树茎中的周皮

2. 机械组织的观察

（1）厚角组织。

取芹菜叶柄，徒手横切后，制成临时装片，用番红溶液染色，置显微镜下观察，可见紧接表皮内的几层皮层细胞无胞间隙，细胞壁在角隅处增厚。这些角隅加厚的细胞群，即为厚角组织（图10-5）。

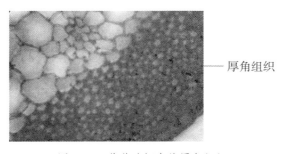

图10-5 芹菜叶柄中的厚角组织

（2）厚壁组织。

纤维：取桑树皮的一小部分，用铬酸-硝酸离析法事先制成离析材料，贮存备用。观察时用镊子夹取离析后的少许桑树纤维，制成临时装片，在显微镜下现察，可见细长、两头锐尖的纤维细胞。

石细胞：从梨的果肉中，挑取少许硬的颗粒，置载玻片上，用镊子柄部轻轻压散，滴一滴浓盐酸，解析3～5 min后，再滴加间苯三酚溶液染色，制成临时装片，置显微镜下观察，可见许多成群存在的圆形或椭圆形石细胞。石细胞中原生质已解体，细胞腔很小，壁异常加厚，经染色后，在桃红色厚壁上可见很多未着红色的分支的纹孔道（图10-6）。

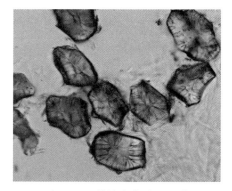

图10-6　梨果肉中的石细胞

3. 输导组织的观察

（1）管胞。

取松树茎纵切永久制片，置低倍镜下观察，可见许多两头斜尖的长形细胞，即为管胞。再转高倍镜，仔细观察壁上的具缘纹孔（图10-7）。

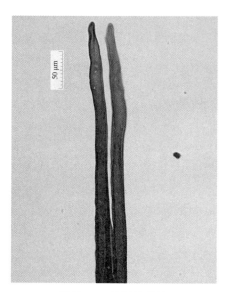

图10-7　松树的管胞

（2）导管。

取南瓜茎纵横切片，置于显微镜下进行观察。可以看到表皮、厚角组织、厚壁组织、薄壁组织、维管束和中空的髓腔。南瓜茎中的维管束为双韧维管束，由外韧皮部、形成层、木质部、内韧皮部组成（图10-8）。

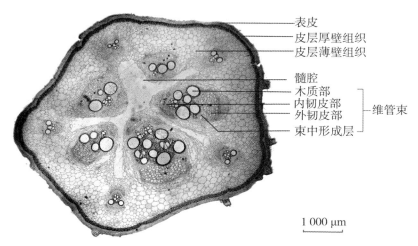

表皮
皮层厚壁组织
皮层薄壁组织

髓腔
木质部
内韧皮部 ｝维管束
外韧皮部
束中形成层

1 000 μm

图10-8　南瓜茎横切结构

在纵切面上，能看到输导组织中的导管和筛管等构造。南瓜的导管较大，它是许多上下连通的圆柱形细胞组成的，由于细胞壁增厚的情况不同而形成不同的纹理，分别称为环纹、螺纹、梯纹、网纹和孔纹导管（图10-9）。

（3）筛管和伴胞。

取南瓜茎纵切永久制片，置低倍镜下观察，找出被染成红色的木质部导管。南瓜茎为双韧维管束，在导管的内外两侧均有被染成绿色的韧皮部。把韧皮部移至视野中央，可见筛管由许多管

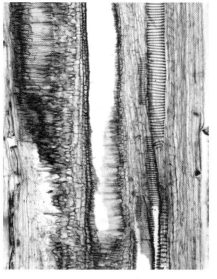

图10-9　南瓜茎纵切片中的导管

状细胞所组成。然后换高倍镜观察，可见两个筛管细胞连接的端部稍有膨大且染色较深，其细胞质常收缩成一束而离开细胞的侧壁，两端较宽，中间较窄。通过筛板上的筛孔，有较粗的原生质丝，称为联络索。

取南瓜茎横切永久制片，置低倍镜下观察。移动玻片标本，在韧皮部中寻找多边形口径较大的薄壁细胞，即为筛管。它旁边往往贴生着横切面呈三角形或半月形、具细胞核、着色较深的小型细胞，即为伴胞。再找出正好切在筛板处的筛管，转高倍镜观察筛板。

4. 薄壁组织的观察

（1）同化组织。

取绿色植物叶片做徒手横切，制成临时装片。在显微镜下观察，可见叶片上、下表皮之间有大量薄壁细胞，细胞中含有丰富的叶绿体，即为同化组织。

（2）贮藏组织。

取切成小块的甘薯块根徒手切成薄片，制成临时装片。在显微镜下观察，可见很多大型薄壁细胞，细胞内充满淀粉粒，即为贮藏组织。小麦、玉米种子的胚乳部分、豆类的子叶，都是典型的贮藏器官，都可以用来做此观察。

（3）通气组织。

取水稻叶横切永久制片，置显微镜下观察，可见薄壁细胞之间有很大的间隙形成大的空腔，即为通气组织（图10-10）。

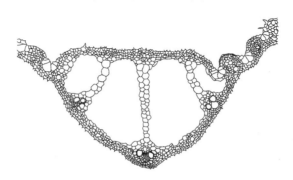

图10-10　水稻叶横切面示通气组织

5. 分泌组织的观察

（1）溶生油囊（分泌腔）。

取柑橘果皮做徒手切片，制成临时装片，在显微镜下观察，可观察到表皮下凹陷的圆形腔体，即为柑橘果皮的分泌腔（图10-11）。

（2）树脂道（分泌道）。

取松树叶或茎横切永久制片，在显微镜下观察，可在表皮下的薄壁组织内观察到圆形空腔，即为松树的树脂道。

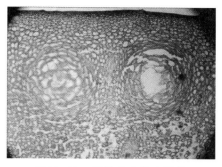

图10-11 柑橘果皮的分泌腔

四、作业

总结不同类型的组织细胞在植物体内所存在的部位、结构特征及其功能。（按下表的格式完成）

表10-1 植物不同类型组织细胞比较

细胞类型	存在的部位	结构特征	图例*	功能
表皮细胞				
保卫细胞				
木栓细胞				
厚角组织细胞				
导管分子（纵切）				
筛管分子				
伴胞				

*图例：从观察植物的器官开始，就要练习作图。图例也叫图解图、简图、略图。它与详图不同，不画出细胞，只表示出组织分布的情况界限。先用线条画出轮廓，然后用不同的线条和点，像标明地图一样把各部分区别清楚。

五、 思考题

（1）保护组织的共同特性是什么？表皮和周皮有什么不同？

（2）机械组织的共同特征是什么？哪一类机械组织在器官形成过程中出现较早？为什么？

（3）厚角细胞中是否有细胞核和叶绿体？

（4）在纤维细胞发育过程中细胞腔有何变化？壁加厚程度如何？纤维和石细胞的区别是什么？

（5）南瓜茎的导管分子根据纵向细胞壁上花纹不同，可分为几种类型？其直径大小和次生壁加厚的纹式有何不同？有无中间过渡类型？说明环纹和螺纹导管在器官形成中出现早的原因。

（6）从导管与管胞的构造的角度说明它们的输水效率的高低与进化关系。从导管与筛管的构造的角度说明它们生理机能的不同。

（7）甘薯块根淀粉粒形态与马铃薯块茎淀粉粒形态是否相同？

实验 **11**
种子结构观察及贮藏物质显微化学鉴定

一、实验目的与要求

（1）掌握不同类型种子的形态和结构特征。

（2）学会用徒手切片和显微化学方法鉴定植物细胞的贮藏物质。

二、实验材料与用品

1. 实验材料

新鲜材料：菜豆种子（或大豆、蚕豆种子）、蓖麻种子、玉米和小麦籽粒、花生种子（或向日葵种子）等。

永久制片：小麦颖果纵切片、玉米颖果纵切片、蓖麻种子切片、菜豆种子纵切片等。

2. 实验用品

用品：显微镜、放大镜、载玻片、盖玻片、镊子、刀片、培养皿、滴管等。

试剂：I_2-KI溶液、苏丹Ⅲ溶液、体积分数为95%的酒精等。

三、实验内容及方法

（一）种子结构的观察

1. 双子叶植物无胚乳种子

取一粒浸泡过的菜豆（或大豆、蚕豆）种子，首先观察外形。菜豆种子呈肾形，包在外面的革质部分是种皮。在种子凹侧有一长棱形斑痕，

即为种脐，种脐是种子从种柄上脱落时留下的痕迹（图11-1）。用手指一捏，则见种脐一端有水或气泡自一小孔中冒出，这个小孔即为种孔。想一想：种孔的作用是什么？倒生胚珠的维管束在珠被和珠柄愈合处留下的痕迹，称为种脊。

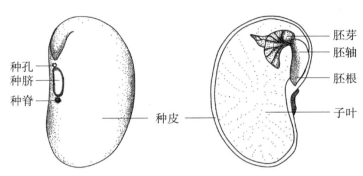

图11-1　菜豆种子结构

剥去种皮，观察菜豆内部结构。种皮里面的整个结构为胚。首先看到的是两片肥厚的子叶。掰开相对扣合的子叶，可见夹在子叶间的明显的胚芽，用放大镜仔细观察胚芽上的幼叶和生长锥结构。在胚芽下面的一段是胚轴，为两片子叶着生的地方。胚轴下端的棒状体即为胚根。再取菜豆种子纵切片，对菜豆胚做进一步观察。

2. 双子叶植物有胚乳种子

取一粒浸泡过的蓖麻，首先观察外形。蓖麻种子呈椭球形，稍扁。种皮呈硬壳状，光滑且具斑纹。种子的一端有海绵状突起，即为种阜。种阜由外种皮基部延伸形成。种子腹部中央有一条隆起条纹，即为种脊。在种子腹面、种阜内侧有一小突起为种脐，此结构不明显，用放大镜观察会更清楚。种孔被种阜掩盖。剥去种皮，观察蓖麻内部结构。种皮内白色肥厚的部分，即为胚乳（图11-2）。

用刀片平行于胚乳宽面做纵切，可见两片大而薄的叶片，具明显的叶脉，即为子叶。两片子叶基部与胚轴相连，胚轴很短。胚轴上方为很小的胚芽，夹在两片子叶之间；胚轴下方为胚根。

图中标注：种孔、种脐、种脊、种皮、胚芽、胚轴、胚根、子叶

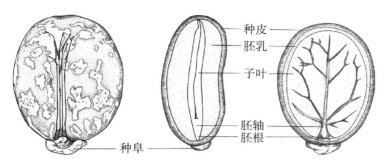

图11-2　蓖麻种子结构

3. 单子叶植物有胚乳种子

取浸泡过的玉米籽粒（颖果），用镊子将果柄和果皮（包括种皮）从果柄处剥掉，在果柄下可见一块黑色组织，即为种脐。籽粒的顶端可看到花柱的遗迹。

用刀片从垂直玉米籽粒的宽面正中做纵剖，用放大镜或解剖镜观察其纵剖面。种皮以内大部分是胚乳，在剖面基部呈乳白色的部分是胚。加一滴碘液在纵剖面上，胚乳变成蓝紫色，胚变成黄色，界线很明显。胚紧贴胚乳处，有一盾状的子叶（盾片）（图11-3）。

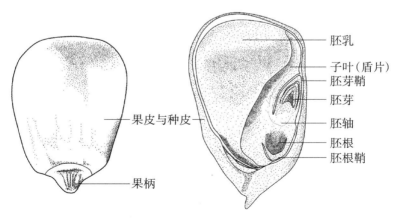

图11-3　玉米颖果结构

再取一粒浸泡过的玉米籽粒，从胚处做徒手纵切，制成玉米胚纵切临时装片，或取玉米颖果纵切片，在显微镜下观察，可见子叶与胚乳交界处有一

层排列整齐的细胞，即为上皮细胞（柱形细胞）。与子叶相连的部分是较短的胚轴。胚轴上端连接着胚芽，包围在胚芽外的鞘状结构，即为胚芽鞘；胚轴下端连接胚根，包围在胚根外方的鞘状结构，即为胚根鞘。

再取小麦籽粒观察，小麦籽粒（颖果）为椭球形，背面光圆，胚生于背面基部，腹面有一纵沟，即为腹沟，顶端有一丛较细的单细胞表皮毛即为果毛。然后取小麦颖果纵切永久制片，置显微镜下仔细观察各部结构，注意小麦胚的结构与玉米胚的结构是否相同。

（二）种子中贮藏物质的显微化学鉴定

显微化学鉴定方法是用化学药剂处理植物的组织细胞，使其中某些微量物质发生化学变化，从而产生特殊的染色反应，并通过显微镜观察来鉴定这些物质的性质及其分布状态的方法。本实验主要对种子中淀粉、蛋白质、脂肪三种主要贮藏物质进行显微化学鉴定。

1. 淀粉的鉴定

原理：I_2-KI溶液与淀粉作用时，形成碘化淀粉，呈蓝色。

取已浸泡过的小麦（或玉米）籽粒，用刀片徒手切取胚乳部分细胞，选取最薄一片，置于载玻片上，滴加稀释的I_2-KI溶液，制成装片，置低倍镜下观察，可见到细胞中有许多被染成蓝色的颗粒，即为淀粉粒。转换高倍镜仔细观察淀粉的脐点和轮纹。

2. 蛋白质的鉴定

原理：碘液与细胞中的蛋白质作用时，呈黄色。

取蓖麻（或豆类）种子，剥去外面坚硬的外种皮，徒手切取部分胚乳细胞，置于载玻片上，先滴一滴体积分数为95%的酒精，将材料中的脂肪溶解掉，再加一滴浓度较大的I_2-KI溶液，制成临时装片后置低倍镜下观察，可见在薄壁细胞中许多被染成黄色的椭圆形颗粒，即为糊粉粒。然后转换高倍镜观察一个糊粉粒的结构，可看到糊粉粒内含有1至几个呈暗黄色的多边形的拟晶体，有些糊粉粒内还有一个无色的球晶体。

3. 脂肪的鉴定

原理：苏丹Ⅲ溶液与脂肪作用，呈橘红色。

取一粒花生（或向日葵、蓖麻）种子，剥去红色的种皮，用一片子叶做徒手切片，挑选最薄一片，置载玻片上，滴加苏丹Ⅲ溶液，移至酒精灯上加热，促进着色，制成临时装片，置显微镜下观察，可见到花生子叶细胞内含有橘红色的圆球形的颗粒，即为油滴。注意细胞内油滴的含量和分布情况。

四、作业

（1）绘制菜豆种子的剖面图，注明各部分结构。

（2）绘制玉米颖果的纵切面图，注明各部分结构。

五、思考题

（1）单子叶植物胚和双子叶植物胚的发育及结构有什么异同点？

（2）自行解剖观察几种植物种子，说明它们都是什么类型的种子。

实验 **12**
植物根的形态与结构

一、实验目的与要求

（1）了解根的基本形态和根系类型。

（2）识别根尖各分区所在部位及细胞构造特点。

（3）掌握根的初生及次生结构，了解根的形成过程。

二、实验材料与用品

1. 实验材料

植物材料：小麦、菜豆或洋葱根系。

永久制片：小麦根尖纵切片、洋葱根尖纵切片、蚕豆幼根横切片、鸢尾根横切片、毛茛根横切片、棉花老根横切片、蚕豆根横切片（示侧根发生）、大豆根横切片（示根瘤）等。

2. 实验用品

显微镜、载玻片、盖玻片、镊子、放大镜、刀片、培养皿、蒸馏水、滴管、番红染液、间苯三酚溶液、吸水纸等。

三、实验内容及方法

（一）根系类型的观察

取菜豆和小麦根系，观察比较两者，并分析：它们各属于何种类型的根系？不定根与侧根有什么区别？

（二）根尖外形和分区的观察

1. 根尖的外部分区

在实验前5~7 d，将小麦（或菜豆）籽粒浸水吸胀，置于垫有潮湿滤纸的培养皿内并加盖，放恒温培养箱中，保持15~20 ℃，待幼根长到2 cm左右时，即可作为实验观察的材料。

实验时，取小麦幼根，截下根尖1~2 cm放在载玻片上，用肉眼或放大镜观察幼根的外部形态。根尖最先端有一透明的帽状结构，即为根冠。根冠之上有一略带黄色的部位，即为生长锥（分生区）。幼根上有一区域密布白色绒毛，即根毛，这个部分，即为根毛区（成熟区）。在生长锥和根毛区之间透明发亮的一段，即为伸长区。

2. 根尖的内部结构

取洋葱根尖纵切片，置于低倍镜下，边观察边移动切片，辨认根冠、生长锥、伸长区、根毛区，然后转高倍镜仔细观察各部位细胞的形态、结构特点。

（1）根冠：位于根尖的最先端，由数层薄壁细胞组成，排列疏松，外层细胞较大，内部细胞较小，整个形状似帽，罩在分生区外部。

（2）分生区：包于根冠之内，长1~2 mm，由排列紧密的小型多面体细胞组成。细胞壁薄、核大、质浓，染色较深，有时可见到有丝分裂的分裂相。

（3）伸长区：位于分生区上方，长2~5 mm，此区细胞一方面沿长轴方向迅速伸长，另一方面开始分化，向成熟区过渡。细胞内均有明显的液泡，核移向边缘。

（4）根毛区：位于伸长区上方，表面密生根毛，根毛是由表皮细胞外壁向外延伸而形成的管状突起。此区中央部分可见到已分化成熟的螺纹、环纹导管。

（三）根初生结构的观察

1. 双子叶植物根的初生构造

取蚕豆、棉花幼根或毛茛根横切永久制片，在显微镜下观察，从外到内

辨认以下各部分（图12-1）。

（1）表皮：表皮是幼根的最外层细胞，排列整齐紧密，细胞壁薄，在切片上可观察到有些表皮细胞向外突出形成根毛。

（2）皮层：位于表皮之内，由多层薄壁细胞组成。紧接表皮的1~2层排列整齐紧密的细胞为外皮层。外皮层向内是数层皮层薄壁细胞，细胞大，排列疏松，具有发达的细胞间隙。皮层最内一层细胞，排列整齐紧密，为内皮层。内皮层细胞具凯氏带结构。大部分双子叶植物根的凯氏带四面加厚，其上下壁和左右径向壁上有加厚带状区域，但在内外切向壁上没有加厚区域。因此在蚕豆横切面上仅见径向壁上的凯氏点，往往被番红染成红色。

毛茛根比较特殊，其内皮层细胞的凯氏带多为六面加厚，并栓质化，在横切面上呈四边形，在正对初生木质部处的内皮层细胞常不加厚，保持薄壁状态，即为通道细胞。（思考：凯氏带和通道细胞有什么作用？）

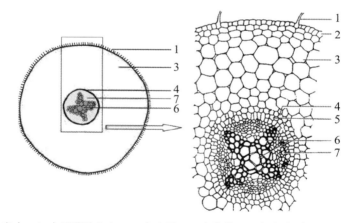

1.根毛；2.表皮；3.皮层薄壁组织；4.内皮层；5.中柱鞘；6.初生木质部；7.初生韧皮部。

图12-1　棉花根横切面示初生结构

（3）维管柱：内皮层以内部分为维管柱，位于根的中央，由中柱鞘、初生木质部和初生韧皮部三部分组成。有的根在初生木质部之内还有薄壁细胞构成的髓。

① 中柱鞘：紧接内皮层里面的一层薄壁细胞，排列整齐而紧密，即为中柱鞘。中柱鞘细胞可转变成具有分裂能力的分生细胞，侧根、不定根、不定

芽、木栓形成层和维管形成层的一部分能发生于中柱鞘。

② 初生木质部：蚕豆和棉花多为四原型根，初生木质部呈辐射状排列，具四个辐射角，在切片中有些细胞被染成红色，明显可见。角尖端是最先发育的原生木质部，细胞管腔小，由一些螺纹和环纹导管组成。角的后方，靠近根中心处是分化较晚的后生木质部，细胞管腔大。注意观察初生木质部由哪几种类型的细胞组成。

③ 初生韧皮部：位于初生木质部两个辐射角之间，与初生木质部相间排列。该处细胞较小、壁薄、排列紧密，其中呈多角形的是筛管或薄壁细胞，呈三角形或方形的小细胞为伴胞。初生韧皮部外侧为原生韧皮部，内侧为后生韧皮部。在蚕豆根的初生韧皮部中，有时可见一束厚壁细胞，即韧皮纤维。

④ 薄壁细胞：介于初生木质部和初生韧皮部之间的细胞。当根加粗生长时，其中一层细胞与中柱鞘细胞联合起来发育成为形成层。

2. 单子叶植物根的初生结构

取鸢尾根永久制片，先在低倍镜下区分出表皮、皮层和维管束三部分，再转高倍镜由外向内逐层观察（图12-2）。

鸢尾根从外到内的组成情况是：

（1）表皮：由一层排列紧密的细胞组成，细胞壁木栓化，没有细胞间隙，具根毛。

（2）皮层：皮层分为外皮层、中皮层和内皮层三部分。

外皮层由几层栓质化的细胞组成。细胞排列紧密。无细胞间隙。在根毛枯死、表皮破坏以后，加厚并栓质化的外皮层能代替表皮行使保护作用。

中皮层由许多层薄壁细胞组成，其细胞排列疏松，间隙发达。

皮层最内的一层细胞叫作内皮层，排列整齐紧密，无细胞间隙。鸢尾根的内皮层细胞，除了少数仍保持薄壁状态外，其余细胞具五面加厚的凯氏带，其横壁、侧壁及内切向壁均加厚并木质化，只有靠皮层一面的外切向壁未加厚。所以其横切面呈马蹄形。

（3）维管柱（中柱）：紧接内皮层的一层薄壁细胞，称为中柱鞘。中柱鞘以内，有七束或更多由外向内分化的初生木质部，它们彼此并不连接。维管柱中央部分是薄壁细胞构成的髓。在初生木质部各束间，是相同数目的初生韧皮部。

鸢尾根与双子叶植物根的结构基本相同，观察时注意找出不同之处，如内皮层凯氏带的加厚方式、通道细胞的有无、木质部的束数、髓的有无等。

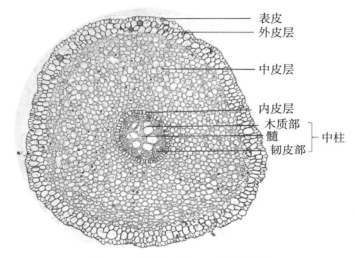

表皮
外皮层
中皮层
内皮层
木质部
髓 } 中柱
韧皮部

图12-2　鸢尾根横切面示初生结构

（四）根次生结构的观察

取棉花（或向日葵）老根横切永久制片，先在低倍镜下观察周皮、次生维管组织和中央的初生木质部的位置，然后在高倍镜下观察次生结构的各个部分（图12-3）。

1. 周皮

位于老根最外方，在横切面上呈扁方形、径向壁排列整齐、常被番红染成棕红色的几层无核木栓细胞，即为木栓层。在木栓层内方，有一层被固绿染成蓝绿色的扁方形的薄壁活细胞，细胞质较浓，有的细胞能见到细胞核，即为木栓形成层。在木栓形成层的内侧，有1～2层较大的薄壁细胞，即为栓内层。

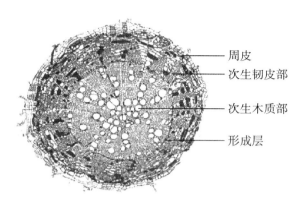

图12-3 棉花老根示次生结构

2. 初生韧皮部

在栓内层以内，大部分被挤压而呈破损状态，一般分辨不清。

3. 次生韧皮部

位于初生韧皮部内侧被固绿染成蓝绿色的部分，为次生韧皮部，它由筛管、伴胞、韧皮薄壁细胞和韧皮纤维组成。其中细胞口径较大，呈多角形的为筛管；细胞口径较小，位于筛管的侧壁，呈三角形或长方形的为伴胞；韧皮薄壁细胞较大，在横切面上与筛管形态相似，常不易区分；细胞壁厚，被染成淡红色的为韧皮纤维。此外，还有许多薄壁细胞在径向方向上排列成行，呈放射状的倒三角形，为韧皮射线。

4. 维管形成层

位于次生韧皮部和次生木质部之间，是由一层扁长形的薄壁细胞组成的圆环，被固绿染成浅绿色，有时可观察到细胞核。

5. 次生木质部

位于形成层以内，在次生根横切面上占较大比例。被番红染成红色的部分，是次生木质部，它由导管、管胞、木薄壁细胞和木纤维细胞组成。其中口径较大，呈圆形或近圆形，增厚的木质化次生壁被染成红色的死细胞为导管。管胞和木纤维在横切面上口径较小，可与导管区分，一般也被染成红色，其中木纤维细胞壁较管胞壁更厚。此外，还有许多被固绿染成绿色的木薄壁细胞夹在其中。呈放射状、排列整齐的薄壁细胞，为木射线。木射线与

韧皮射线是相通的，可合称为维管射线。

6. 初生木质部

初生木质部在次生木质部之内，位于根的中心，呈星芒状。

观察根的次生结构，还可用南瓜老根、椴树根和洋槐根作为实验材料，徒手横切、染色、制成临时装片，进行观察。

（五）侧根形成的观察

取蚕豆根横切（示侧根发生）永久制片，置显微镜下观察，可见侧根由中柱鞘发生，侧根的尖端冲破皮层、表皮而伸出。

（六）根瘤的观察

取大豆植株的根系标本观察，可见根部着生的一些瘤状突起，即为根瘤。它是根的皮层细胞受根瘤细菌的刺激，畸形分裂而形成的。

取大豆根横切（示根瘤）永久制片，先在低倍镜下观察，找出根瘤部分，然后转高倍镜观察根瘤的结构。根瘤表面为栓质化细胞，其内为根的皮层薄壁细胞。中央染色较深的部分为含菌组织，根瘤菌充满在细胞内，呈颗粒状。

四、作业

绘鸢尾根1/8结构详图。

五、思考题

（1）主根与侧根分别来源于哪里？

（2）根的吸收作用为什么只限于根毛区？

（3）根的表皮细胞有无气孔器？

（4）如何根据根的横切片判断是单子叶植物还是双子叶植物的根？

（5）观察并总结侧根发生的部位与初生木质部的位置关系。

（6）比较根的初生构造与次生构造，并说明根的构造与机能的一致性。

（7）根瘤的形成对农业生产有何意义？

（8）解释：外始式，内起源。

实验 **13**
植物茎的形态与结构

一、实验目的与要求

（1）观察枝的外部形态。

（2）识别芽的结构和类型。

（3）掌握茎尖的结构和单、双子叶植物茎初生结构和次生结构的解剖特点。

（4）识别木材三切面。

（5）观察了解各种变态茎的形态和结构。

二、实验材料与用品

1. 实验材料

植物材料：杨树、樱桃枝条，大叶黄杨（或丁香、柳等）叶芽，榆、桃、悬铃木（法国梧桐）和刺槐带芽的枝条，藕、姜、马铃薯、荸荠、菊芋、球茎甘蓝、洋葱、大蒜头、山楂枝刺、皂荚枝刺、蔷薇茎、葡萄卷须、黄瓜卷须，一段松树茎三切面标本等。

永久制片：丁香芽纵切片、向日葵幼茎横切片、玉米茎横切片、三年生椴树茎横切片、松树茎木材三切面制片等。

2. 实验用品

显微镜、解剖镜、放大镜、刀片、培养皿、载玻片、盖玻片、镊子、吸水纸、滴管、中性红（或间苯三酚）染色液、蒸馏水等。

三、实验内容及方法

（一）枝条外部形态的观察

取三年生的杨树枝条观察，辨认节与节间、顶芽与侧芽（腋芽）、叶痕与维管束痕、芽鳞痕、皮孔。

取樱桃枝条，辨认长枝与短枝（果枝）。

（二）芽结构和类型的观察

1. 芽的结构

取大叶黄杨（或丁香、胡桃、柳、杨等）叶芽，用解剖刀将其叶芽纵剖，置解剖镜（或放大镜）下观察。可见芽的最外面包有几层较硬的鳞片状叶，即为芽鳞。芽鳞里面有几片未伸展的幼叶，在每一幼叶的叶腋处有一突起，即为腋芽原基。芽的中央被幼叶包着的幼嫩部分，即为生长锥。其近端周围有些侧生突起，即为叶原基。叶原基、腋芽原基、幼叶等各部分着生的轴，即为芽轴。芽轴实际上是节间没有伸长的短缩茎。

2. 芽的类型

取杨、柳、丁香、榆、桃、樱桃、悬铃木、刺槐等枝条，仔细观察枝条上的芽，并分别纵剖分析辨认顶芽与腋芽（侧芽），叶芽、花芽与混合芽，辨认鳞芽与裸芽、柄下芽。

（三）茎尖结构的观察

取丁香茎尖纵切永久制片，置低倍镜下先找出生长锥，然后从茎尖的一侧向轴心仔细观察茎尖解剖结构（图13-1）。

1. 原表皮

最外面的一层较小的细胞，排列整齐，以后形成茎的表皮。

2. 基本分生组织

位于原表皮之内，细胞较大，排列不够规则，以后发展为皮层和髓。

3. 原形成层

在基本分生组织之中，有沿纵向排列的两束细胞，其细胞的原生质较浓，染色较深，即为原形成层，以后发展为茎的维管束。

此外，在生长锥的两侧，还有叶原基、幼叶和腋芽原基。想一想：它们的细胞有何特点？各属于何种组织？

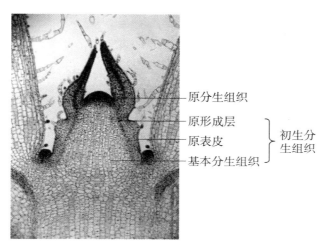

图13-1　丁香茎尖结构

（四）双子叶植物茎初生结构的观察

取向日葵幼茎的横切永久制片，置显微镜下自外向内依次观察各部分结构（图13-2）。

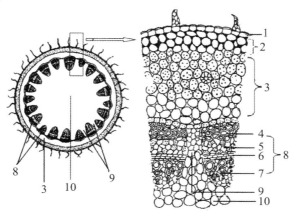

1.表皮；2.皮层厚角组织；3.皮层薄壁组织；4.韧皮纤维；5.初生韧皮部；6.维管形成层；7.初生木质部；8.维管束；9.髓射线；10.髓。

图13-2　向日葵茎的初生结构

1. 表皮

位于茎的最外一层细胞，排列紧密，形状规则，细胞外侧壁较厚，有角质层，有的表皮细胞转化成单细胞或多细胞的表皮毛。注意观察表皮上有无气孔分布。

2. 皮层

位于表皮之内、维管束之外部分。紧接表皮的几层比较小的细胞，为皮层厚角组织。厚角细胞的内侧是数层皮层薄壁细胞，细胞之间有明显的细胞间隙。在薄壁细胞层中还可以观察到由分泌细胞所围成的分泌道的横切面。

3. 维管柱

皮层以内的部分为维管柱。在低倍镜下观察时，茎的维管柱明显分为维管束、髓射线、髓三部分。

（1）维管束。维管组织多呈束状，在横切面上可见许多染色较深的维管束排列成一环。

转换高倍镜，观察一个维管束，可见木质部和韧皮部呈内外相对排列。维管束靠外方是初生韧皮部，由筛管、伴胞和薄壁细胞等组成。在韧皮部最外面有一束染成红色的韧皮纤维。

紧接韧皮部内方的是束中形成层，它位于初生韧皮部和初生木质部之间，是原形成层分化初生维管束后留下的潜在分生组织，由一层分生组织细胞经分裂演化成数层，在横切面上观察细胞呈扁平状、壁薄。

维管束靠内方，形成层之内是初生木质部，由导管、管胞、木纤维、木薄壁细胞等组成。想一想：从细胞形态结构特点看，它由内向外发育成熟的过程，与根中初生木质部的发育有何不同？

（2）髓射线。是相邻两个维管束之间的薄壁组织，外接皮层，内接髓。

（3）髓。位于茎的中央部分，由薄壁细胞组成，排列疏松。

本实验也可取向日葵（或大丽菊、蚕豆）幼苗近顶端部分的茎做徒手横切，用中性红（或间苯三酚）染色，制成临时装片，置显微镜下观察其初生结构。

（五）单子叶植物茎初生结构的观察

取玉米茎横切永久制片，置显微镜下自外向内依次观察各部分结构（图13-3）。

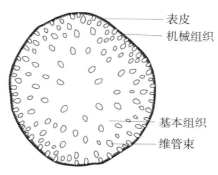

图13-3 玉米茎的横切面

1. 表皮

在茎的最外一层细胞为表皮，在横切面上，细胞呈扁方形，排列整齐、紧密，外壁增厚。注意表皮上有无气孔。

2. 基本组织

表皮之内，被染成红色，呈多角形紧密相连的1～3层厚壁细胞，构成机械组织环。在机械组织以内，为薄壁的基本组织细胞，占茎的绝大部分，其细胞较大，排列疏松，具明显的胞间隙。越靠近茎的中央，细胞直径越大。

3. 维管束

在基本组织中，有许多散生的维管束。维管束在茎的边缘分布多，较小；在茎的中央部分分布少，较大。

在低倍镜下选择一个典型维管束移至视野中央，然后转高倍镜仔细观察维管束结构（图13-4）。

（1）维管束鞘。位于维管束的外围，由木质化的厚壁组织组成鞘状结构。此厚壁组织在维管束的外面和里面比侧面发达。

（2）木质部。在维管束内被染成红色的部分为木质部，其明显特征是有3～4个导管组成V形。V形的上半部端臂，含有两个大的孔纹导管，两者之间

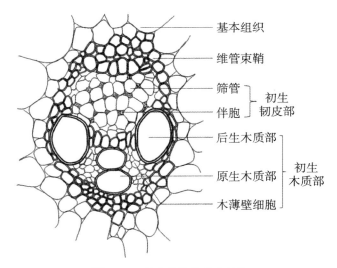

图13-4　玉米茎的维管束结构

分布着一些管胞，即为后生木质部。V形的下半部有1～2个较小的环纹、螺纹导管和少量薄壁细胞，即为原生木质部。有时可见此处形成一大空腔（气腔）。想一想：它是怎样形成的？

（3）韧皮部。在木质部V形端臂之间的外方被染成绿色的组织，为韧皮部。其中，原生韧皮部位于外侧，但已被挤毁或仅留有痕迹。后生韧皮部主要由筛管和伴胞组成，通常没有韧皮薄壁细胞和其他成分。

（六）双子叶植物木本茎次生结构的观察

取三年生椴树（或杨树）茎横切永久制片，置显微镜下从外向内观察其次生结构。

1. 表皮

在茎的最外面，由一层排列紧密的表皮细胞组成。但三年生的枝条上，表皮已不完整，大多脱落。注意有无皮孔分布。

2. 周皮

表皮以内的数层扁平细胞。观察时注意区别木栓层、木栓形成层和栓内层。

木栓层：位于周皮最外层，紧接表皮沿径向排列数层整齐的扁平细胞，壁厚，栓质化，是无原生质体的死细胞。

木栓形成层：位于木栓层内方，只有一层细胞，在横切面上细胞呈扁平状，壁薄，质浓，有时可观察到细胞核。

栓内层：位于木栓形成层内方，有1～2层薄壁的活细胞，常与外面的木栓细胞排列成同一整齐的径向行列，区别于皮层薄壁细胞。

3. 皮层

位于周皮之内、维管柱之外，由数层薄壁细胞组成，在切片中可观察到有些细胞含有晶簇。

4. 次生韧皮部

位于形成层之外，细胞排列呈梯形，其底边靠近维管形成层。在韧皮部中有成束被染成红色的韧皮纤维，其他被染成绿色的部分为筛管、伴胞和韧皮薄壁细胞。与韧皮部相间排列着一些薄壁细胞，为髓射线。这些髓射线细胞越近外部越多越大，呈喇叭状，喇叭的开口靠近皮层。（思考：为什么横切面上次生韧皮部呈梯形，髓射线呈喇叭形？）

5. 维管形成层

位于韧皮部内侧，由1～2层排列整齐的扁平细胞所组成，呈环状，被染成浅绿色。

6. 次生木质部

维管形成层以内染成红色的部分，即为次生木质部，在横切面上所占面积为最大。三年生的椴树茎在低倍镜下可清楚地区分为三个同心圆环，即三个年轮。观察时注意从细胞特点上区别早材和晚材。

7. 髓

位于茎的中心，由薄壁细胞组成。髓部与木质部相接处，有一些染色较深的小型细胞，排列紧密，呈带状，为环髓带。

8. 射线

由髓的薄壁细胞辐射状向外排列，经木质部时，是一或二列细胞，至韧皮部时，薄壁细胞变多变大，呈倒梯形，即为髓射线，是维管束之间的射线。

在维管束之内，横向贯穿于次生韧皮部和次生木质部的薄壁细胞，即为维管射线。注意它和髓射线的区别。

本实验也可取三年生杨树枝条，做徒手横切，用中性红（或间苯三酚）染色，制成临时装片，置显微镜下观察杨树茎的次生结构。

（七）裸子植物茎次生结构的观察

（1）取一段直径8～12 cm的松（或桧）茎三切面标本，首先识别三个切面，然后分别观察：

① 横切面：观察树皮的颜色和厚度。识别木材的年轮和年轮线、射线、边材和心材。

② 径向切面：识别年轮线和射线。

③ 切向切面：与横切面、径向切面分别做比较，说明切向切面上年轮线和射线的形态上所表现的特征。

（2）取松树木材三切面的永久制片，置显微镜下观察。

① 横切面：可见到管胞，呈四边形或六边形，具明显的细胞腔和木质化的断面；木射线呈辐射状条形，是射线纵切面，显示了它的长度和宽度。还可观察到明显的年轮界限和分散在木质部中的树脂道及其周围分泌细胞。

② 切向切面：所见的管胞呈棱形，纵向排列，所见的射线是它的横切面轮廓，呈纺锤状，显示了射线的高度、宽度、列数和两端细胞的形状。

③ 径向切面：可见管胞呈长形，两端钝圆，纵向排列，其径向壁上有成行排列的呈两个同心圆状的具缘纹孔，外圈是纹孔腔的边缘，内圈是纹孔口。木射线横向穿过管胞与纵轴垂直，细胞呈长方形，排成多列，像一段砖墙，显示了射线的长度和高度。

（八）变态茎的观察

1.地下茎

（1）根状茎：取藕和姜标本，观察它们的根状茎结构，辨认节、节间、腋芽和鳞片叶。

（2）块茎：取马铃薯的块茎，观察此块茎的结构，注意马铃薯块茎上的顶芽痕迹、芽眼及其排列情况。

（3）球茎：取荸荠球茎，观察节、节间和鳞片叶的着生部位和形态。

（4）鳞茎：取洋葱、大蒜头，观察辨认鳞叶、腋芽、鳞茎盘。想一想：洋葱、大蒜的主要食用部分各属于什么结构？

2. 地上茎

（1）枝刺：取山楂、皂荚枝刺标本，观察枝刺着生部位、是否分枝。取蔷薇茎一段，观察其皮刺，主要比较枝刺和皮刺的区别。

（2）茎卷须：取葡萄和黄瓜茎卷须标本，观察其茎卷须着生部位、是否分枝。想一想：茎卷须有何作用？

四、作业

（1）绘向日葵或蚕豆幼茎横切面简图，示双子叶植物茎的初生结构。

（2）绘玉米茎横切面中一个维管束的构造图。

五、思考题

（1）说明单子叶植物茎的构造特点和不能继续加粗的原因。

（2）茎的木栓形成层和根的木栓形成层在来源上有何不同？

（3）维管射线和髓射线有什么区别？

实验 **14**
植物叶的形态与结构

一、实验目的与要求

（1）观察了解一般叶和变态叶的形态特征。

（2）掌握双子叶植物叶、单子叶植物叶和松针叶的结构特点。

二、实验材料与用品

1. 实验材料

植物材料：采集不同形态叶的植物标本，如海桐叶、冬青卫矛叶、麦冬叶、仙人掌、洋槐小枝、合欢复叶、玉米雌穗、猪笼草（或腊叶标本）、胡萝卜（作为夹持物）等。

永久制片：大叶黄杨、海桐叶的横切片，玉米叶横切片，水稻或小麦叶的横切片，松针叶横切片，等等。

2. 实验用品

显微镜、载玻片、盖玻片、镊子、刀片、培养皿、滴管、蒸馏水、吸水纸、番红染液、I_2-KI染液等。

三、实验内容及方法

（一）叶形态的观察

在实验前采集10种左右不同典型形态叶的植物标本，按表14-1所列各项逐一观察，并将观察结果填写其中。

表14-1　植物叶的形态观察记录

植物名称	完全叶/不完全叶	单叶/复叶	叶型	叶缘	叶尖	叶基	叶序

（二）双子叶植物解剖结构的观察

取冬青卫矛或海桐叶，用剪刀剪去两边，留下宽约5 mm的主脉部分。用胡萝卜块作为夹持物做徒手横切片。丢掉第一次切的表面不平整的切片，用毛笔蘸水涂在切面上再仔细切片。切片不要求完整（长几毫米即可），而要求尽可能薄。在切下几个切片后，将切片放在载玻片的水滴中，先不加盖玻片，在低倍镜下检查。用镊子将不能用的丢掉。只留下2～3个最薄的。然后将切片移到另一张载玻片上。加稀I_2-KI或番红染液染色，并盖上盖玻片做成水封片观察（图14-1）。

先用低倍镜，确定上表皮、叶肉和叶脉的位置，然后选择有一完整叶脉正中横切面的部分，放大来观察各部分的构造。（叶片横切片中常观察到数条侧脉都不是正中横切面，想想这是为什么？）

1. 表皮

上表皮和下表皮均为一层活细胞，排列紧密，没有叶绿体。细胞外壁增厚，有较厚的角质层。注意气孔是分布在上表皮还是下表皮。构成气孔的两

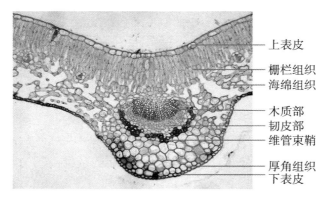

图14-1　海桐叶的横切面结构

右侧标注（从上到下）：上表皮、栅栏组织、海绵组织、木质部、韧皮部、维管束鞘、厚角组织、下表皮

个保卫细胞较小，略为凹陷。

2. 叶肉

这种同化薄壁组织充满在上、下表皮之间，其细胞内含有大量叶绿体，可以明显区分出栅栏组织和海绵组织两个部分。栅栏组织紧接着上表皮，由2～3层圆柱形的细胞组成。海绵组织位于栅栏组织与下表皮之间，细胞形状不规则，含叶绿体较栅栏组织少，但细胞间隙特别大。在气孔内侧部分，还有一个较大的空腔，叫作孔下室，它们同发达的细胞间隙连通成一个气体交换系统。

3. 叶脉

先观察叶片的主脉，它由维管束和机械组织组成。维管束同茎中的一样有木质部和韧皮部，但在叶中，木质部居上，韧皮部居下，在木质部和韧皮部之间有形成层。维管束外有几层细胞组成维管束鞘。在维管束的上下方具有大量的厚角组织，尤其是叶片背面的特别发达，因而使叶片背面形成显著的突起。

总体来说，大叶黄杨叶主脉处的组织从上到下依次为上表皮、厚角组织、叶肉、维管束、叶肉、厚角组织、下表皮。看清主脉后，再找一个横切面的小叶脉来观察，可见它的构造要比主脉简单得多。维管束上下方没有机械组织；维管束中没有形成层，木质部和韧皮部也比较简单。

海桐叶结构和大叶黄杨叶类似，但主脉上方的上表皮之下缺少厚角组织。

（三）单子叶植物叶解剖结构的观察

取玉米叶的横切永久制片，置显微镜下观察（图14-2）。

1. 表皮

玉米叶表皮细胞在横切面上近方形，排列较规则，细胞外壁被有角质层，在表皮细胞之间有气孔。气孔器的组成除有两个保卫细胞外，两侧还有两个较大副卫细胞，断面近乎呈正方形，气孔内侧有孔下室。相邻两个维管束之间位置对应的上表皮中可看到几个薄壁的大型细胞，为泡状细胞（运动细胞）。注意下表皮细胞中是否也有这种细胞。泡状细胞有何作用？

2. 叶肉

玉米叶肉细胞中含有叶绿体。注意叶肉组织有无栅栏组织和海绵组织之分。

3. 叶脉

玉米的维管束是有限维管束，没有形成层，木质部靠近上表皮，韧皮部靠近下表皮。维管束外有一层排列整齐的较大的薄壁细胞，细胞内含有许多较大的叶绿体，即为维管束鞘。维管束鞘细胞与周围的一圈叶肉细胞排列紧密，组成了"花环状"结构。维管束上下方均可见成束的厚壁细胞，在中脉处尤为突出。

取水稻或小麦叶横切永久制片，或取山麦冬叶片做徒手横切片，观察其维管束结构，注意与玉米叶比较维管束鞘结构上有何不同。

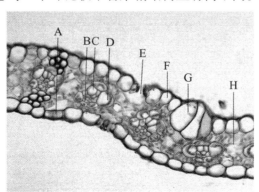

A. 下表皮；B. 韧皮部；C. 木质部；D. 维管束鞘；E. 气孔器；F. 上表皮；
G. 泡状细胞（运动细胞）；H. 叶肉组织。

图14-2 玉米叶横切

（四）裸子植物叶解剖结构的观察

取松针叶横切永久制片或取松针叶直接徒手切片，制成简易水封片置显微镜下观察（图14-3）。

1. 表皮

表皮细胞排列紧密，形小，呈砖状，细胞壁厚，细胞腔小，外壁为厚的角质层覆盖。表皮上的气孔明显下陷，注意其保卫细胞有何特征。

2. 下皮层

表皮下可见一至数层排列紧密的厚壁细胞组成的机械组织，即为下皮层。

3. 叶肉

下皮层以内是叶肉。叶肉细胞的显著特征是细胞壁具有很多不规则的皱褶，粒状叶绿体沿细胞壁边缘排列。在叶肉中还可以明显地看到由一圈分泌细胞围成的树脂道。

4. 内皮层

叶肉最里一层细胞，排列整齐而紧密。注意细胞径向壁上能否看到凯氏带。

5. 转输组织

内皮层和维管束之间有几层排列紧密的细胞，即为转输组织。转输组织由转输管胞和转输薄壁细胞所组成。

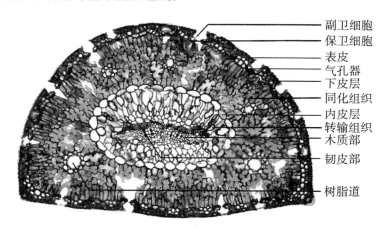

图14-3　松针叶横切面

6.维管束

在转输组织以内，居叶的中央，有两个维管束并列而存。维管束木质部位于近轴面，由管胞和薄壁细胞径向相间排列而成；韧皮部位于远轴面，由筛胞和韧皮细胞所组成。两个维管束之间为一团薄壁细胞。

（五）变态叶的观察（示范）

1.叶刺

取仙人掌、洋槐小枝观察其叶刺、托叶刺的位置和形态，注意与茎刺的区别。

2.叶卷须

取豌豆复叶，观察其复叶顶端2～3对小叶变成的叶卷须，注意与茎卷须的区别。

3.总苞片

取玉米雌穗，观察密生于穗轴基部的变态叶——总苞片的形态。

4.捕虫叶

取猪笼草标本，观察其瓶状的变态叶。

四、作业

（1）绘大叶黄杨叶横切面结构详图。

（2）绘玉米叶横切面结构详图。

五、思考题

（1）以小麦和玉米叶的构造为例说明C_3植物和C_4植物在叶片构造上的区别。

（2）如何从叶的横切面结构上区分上、下表皮。

实验15
植物花的形态和解剖

一、实验目的与要求

（1）观察认识被子植物花的外部形态和组成。

（2）学会解剖花，掌握使用花程式和花图式表示花的方法。

（3）掌握几种常见花序结构的特点。

（4）掌握花药、子房、胚珠的结构。

二、实验材料与用品

1. 实验材料

植物材料：洋槐花，贴梗海棠花，新鲜（或浸制）的百合或凤尾兰花，樱花、油菜、芹菜或白菜花序，车前草或银绒草花序，苹果或梨花序，大葱或韭菜花序，杨柳或胡桃花序，向日葵、菊或蒲公英花序，天南星花序或玉米雌花序，无花果或薜荔花序，水稻花序或玉米雄花序，小麦或黑麦花序，胡萝卜或芹菜花序，花楸或绣线菊花序，附地菜或勿忘草花序，唐菖蒲或委陵菜花序，石竹或大叶黄杨花序，大戟或狼毒花序，等等。

永久制片：幼期百合花药横切片、成熟期百合花药横切片、百合子房横切片（示胚珠结构）等。

2. 实验用品

显微镜、连续变倍体视显微镜、培养皿、镊子、解剖针、刀片等。

三、实验内容及方法

本实验最好能采用较多新鲜花朵和花序作为观察材料，以求达到较好的效果。但有时做此实验时正处于冬季，因此实验前必须将所需要的代表性的植物花和花序，在初开时及时采摘，浸泡于体积分数为5%的福尔马林或体积分数为70%的酒精中备用。

（一）花基本组成部分的观察

1. 贴梗海棠花观察

先区分花柄、花托、花萼、花冠、雄蕊、雌蕊等部分。它的花柄很短，花萼分成五个裂片，花瓣五枚，离生；雄蕊多数，雌蕊一枚。看清楚上述各部分后，用刀片把花纵切成两半，放在体视显微镜低倍镜下观察。

先看雄蕊的花粉囊着生在花丝上的情况，注意它是底着药还是丁字着药，花丝是分离还是联合。

然后观察雌蕊的结构。雌蕊分为柱头、花柱、子房三部分。柱头是雌蕊顶端稍膨大的部分，注意看贴梗海棠的柱头是什么形状。贴梗海棠为子房下位，子房的壁和花托完全愈合。花萼、花冠和雄蕊群着生在子房上方的花托边缘上。在子房的纵切面上看清楚胚珠着生的情况后，再取一朵花，把子房横切开来观察。注意看到的是几个心室，并根据柱头分裂的情况推断它由几个心皮构成。

根据观察结果，写出贴梗海棠的花程式。

2. 洋槐花的观察

取洋槐花，用镊子从外向内剥离，观察其组成。

花萼：绿色，基部合生，呈钟状，上部有五个裂片。

花冠：白色或淡紫色，为两侧对称的蝶形花冠。它由5片形状不同的花瓣组成：最外面的一片大瓣为旗瓣，近于扁圆形；其内为两片侧生的翼瓣，呈宽卵形，基部具爪；最里面的两片花瓣合生成半圆形的龙骨瓣。

雄蕊：位于龙骨瓣里面，呈弯曲状，共10枚，其中1枚离生，9枚下部联合成筒状，为二体雄蕊。

雄蕊：被包围在9枚联合雄蕊筒状结构之内，偏扁，顶端具羽毛状柱头。注意观察子房位置，去掉花冠、雄蕊，细心解剖子房，观察它由几个心皮组成，几室，胚珠数目和胎座类型如何，并写出洋槐花花程式。比较一下它与贴梗海棠有什么不同。

3. 小麦花的观察

小麦花序为复穗状花序，由许多小穗组成。

取小麦的一个小穗解剖观察，可见小穗基部有两片颖片，居下位的为外颖，居上位的为内颖。用镊子从小穗轴上摘取小花，观察小穗是由几朵小花组成的。取基部正常发育的一朵小花，由外向内剥离小花的各部分，然后用放大镜观察小花的结构。

稃片：小麦小花外面有2片稃片。最外面的一片为外稃，脉明显。外稃为花基部的苞片。有的小麦品种的外稃中脉延长为长芒。里面一片为内稃，薄膜状，船形，有两条明显的叶脉。

浆片：外稃里面有两个小形囊状突起，即为浆片。它相当于贴梗海棠花组成中的哪一部分结构？

雄蕊：3枚，花丝细长，花药较大。

雌蕊：1枚，由2个心皮合生而成，柱头二裂，呈羽毛状，花柱短而不明显，子房上位，一室。

（二）花药结构的观察

1. 造孢组织时期

取幼期百合花药横切永久制片，置低倍镜下观察（图15-1）。可见花药的轮廓似蝴蝶形，整个花药分为左右两部分，其中间由药隔相连，在药隔处可看到自花丝通入的维管束。药隔两侧各有两个花粉囊。看清花药轮廓后，转换高倍镜，再仔细观察一个花粉囊的结构，由外向内可见：

表皮：为最外一层细胞，细胞较小，具角质层，有保护功能。

药室内壁：一层近于方形的较大的细胞，径向壁和内切向壁尚未增厚。

中层：1~3层较小的扁平细胞。

绒毡层：是药壁的最内一层，由径向伸长的柱状细胞组成，这层细胞核较大，质浓，排列紧密。

　　绒毡层以内的药室中有许多造孢细胞。造孢细胞呈多角形，核大，质浓，排列紧密，有时可以见到正在进行有丝分裂的细胞。

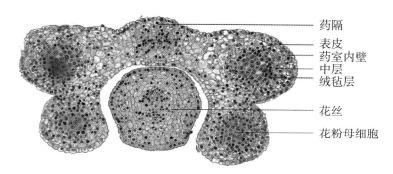

药隔
表皮
药室内壁
中层
绒毡层

花丝

花粉母细胞

图15-1　百合花药幼期结构图

2. 成熟花粉粒形成时期

　　取成熟百合花横切永久制片，置低倍镜下观察（图15-2）。可见表皮已萎缩，药室内壁的细胞径向壁和内切向壁上形成木质化加厚条纹，成熟期称纤维层，在制片中常被染成红色；中层和绒毡层细胞均破坏消失；两个花粉囊的间隔已不存在，二室相互沟通，花粉粒已发育成熟。选择一个完整的花粉粒，在高倍镜下观察，注意所见到的花粉粒呈什么形状，有几层壁，是否见到大小两个核，并考虑它们各有什么功能。

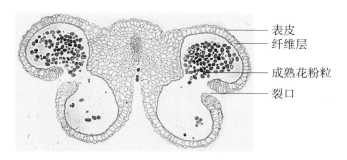

表皮
纤维层

成熟花粉粒

裂口

图15-2　百合花药成熟期结构图

　　本实验也可以取其他植物近似成熟但尚未开裂的花药，做徒手横切，制成临时装片，置显微镜下观察。

（三）子房与胚珠结构的观察

取百合子房横切（示胚珠结构）永久制片，置低倍镜下观察（图15-3）。可见百合子房由3个心皮联合构成，子房3室，每2个心皮边缘联合向中央延伸形成中轴，胚珠着生在中轴上，在整个子房中，共有胚珠6行，在横切面上可见每个室内有2个倒生的胚珠着生在中轴上。转换高倍镜观察子房壁的结构，可见子房壁的内外均有表皮，两层表皮之间为圆球形薄壁细胞组成的薄壁组织。

再转换为低倍镜，辨认背缝线、腹缝线、隔膜、中轴和子房室，然后选择一个通过胚珠正中的切面，用高倍镜仔细观察胚珠的结构。

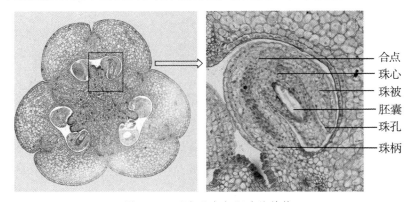

图15-3　百合子房与胚珠的结构

珠柄：连接在心皮边缘结合形成的中轴上，是胚珠与胎座相连接的部分。

珠被：胚珠最外面的两层薄壁细胞，外层为外珠被，内层为内珠被。两层珠被延伸生长到胚珠的顶端并不联合，留有一孔，即为珠孔。

珠心：胚珠中央部分为珠心，包在珠被里面。

合点：珠心、珠被和珠柄相联合的部分。

胚囊：珠心中间有一囊状结构，即为胚囊。结合百合胚囊的发育过程，考虑此胚囊处于胚囊发育的什么时期。

本实验也可用新鲜（或浸制）的百合花或凤尾兰花，做徒手横切，制成临时装片观察。

四、作业

（1）写出并绘出贴梗海棠和刺槐的花程式和花图式。

（2）绘出百合花药一个花粉囊的结构。

五、思考题

（1）花序及花的形态结构特点与其传粉方式和传粉媒介之间有什么关系？

（2）为什么说减数分裂是植物生活史中的一个重要时期？它有何生物学意义？

（3）小孢子母细胞有何特点？它在减数分裂前后的主要变化是什么？

（4）简述花粉囊壁各部分的结构特征及其对花粉粒发育的作用。

（5）简述成熟花粉粒的结构特征及其对传粉受精的意义。

（6）简述成熟胚珠的结构特征及其对有性生殖的意义。

实验16
果实的类型和结构

一、实验目的与要求

观察了解各种果实的类型及结构。

二、实验材料与用品

1. 实验材料

柑橘、葡萄、桃、梨、玉米、八角、槭树果实、栾树果实、紫荆果实、向日葵果实、胡萝卜果实、花生、板栗、无花果等。

2. 实验用品

显微镜、连续变倍体视显微镜、放大镜、镊子、解剖针、刀片等。

三、实验内容及方法

根据心皮与花部的关系，可将果实分为单果、复果（聚花果）和聚合果三大类。但后两者的种类很少，常见的是单果。

（一）单果

一朵花中只有一枚雌蕊，形成一个果实。

按果皮的性质，又分为：

1. 肉果

成熟时果皮肉质化。

（1）浆果：取葡萄果实观察，除外果皮几层细胞外，其余部分都肉质化。内含多数种子。

　　柑橘的果实也是一种浆果，特称柑果。取柑橘果实观察，可见：其外果皮革质；中果皮比较疏松，即包含橘络部分；内果皮膜质，呈囊状，向囊内长出肉质的腺毛（汁囊），这是食用的主要部分。种子多数。

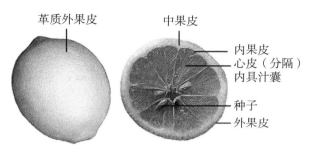

革质外果皮　　中果皮
　　　　　　　　　　内果皮
　　　　　　　　　　心皮（分隔）
　　　　　　　　　　内具汁囊
　　　　　　　　　　种子
　　　　　　　　　　外果皮

图16-1　柑果的结构

　　（2）核果：取桃果实观察。其外面的皮是外果皮，包括表皮和表皮下厚角组织。食用的肉质部分是它的中果皮。桃的内果皮全由石细胞组成，特别坚硬，包在种子之外，形成果核，内具种子一枚。

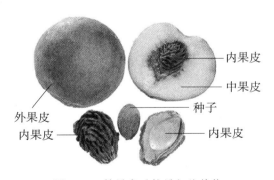

内果皮
中果皮
种子
外果皮
内果皮
内果皮

图16-2　桃果实（核果）的结构

　　（3）梨果：取苹果观察。它是假果，果实由子房壁和花托愈合的托杯发育而成。子房壁和花托之间没有明显的界限。苹果的外果皮由花托的表皮及其下面的厚角组织发育而成。中果皮为食用的肉质部分，主要由花托发育而成，再加上少量的子房壁部分。内果皮很明显，由木质化的厚壁组织构成。

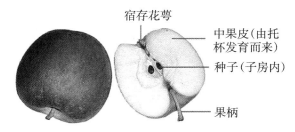

图16-3　苹果果实（梨果）的结构

2. 干果

果实成熟后，果皮呈干燥状态。根据果皮开裂与否又分为：

（1）裂果：成熟后果皮开裂（图16-4）。

① 蓇葖果：取八角果实观察。八角是聚合蓇葖果，每一瓣为一个蓇葖果，由一个彼此离生的单心皮组成，成熟时沿腹缝线开裂。

② 荚果：取刺槐或豌豆果实观察。它也是由一个心皮组成，但成熟时，背缝线和腹缝线同时开裂。

③ 蒴果：取卫矛果实观察。它由四个愈合的心皮发育而成，成熟时开裂。

④ 角果：取油菜或独行菜的果实观察。角果由两个心皮组成，其特点是具有假隔膜，成熟时，两边的果皮脱落，只留下假隔膜。

蓇葖果（八角）　　　　　　　　荚果（豌豆）

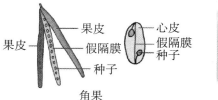

角果　　　　　　　　蒴果（垂丝卫矛）

图16-4　裂果的类型

（2）闭果：果实成熟时果皮不开裂（图16-5）。

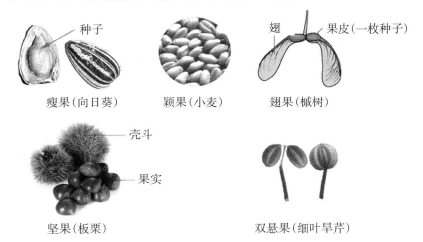

瘦果（向日葵）　　　　颖果（小麦）　　　　翅果（槭树）

坚果（板栗）　　　　　　　　双悬果（细叶旱芹）

图16-5　闭果的类型

①瘦果：取向日葵种子观察。它只含一粒种子，果皮与种皮分离。

②颖果：取小麦种子观察。我们通常看到的小麦种子，实际上就是一个果实，其果皮与种皮愈合、不分离。

③翅果：取槭树的果实观察。其果实似瘦果，但果皮延伸成双翅。

④坚果：取板栗观察。果皮坚硬，食用部分为种子。

⑤分果（双悬果）：取胡萝卜种子观察。胡萝卜种子由二心皮组成二室，各室含一种子，成熟时，二心皮从中轴分开，悬于中轴上。

（二）复果

复果也叫聚花果或花序果，一个果实实际上是由一个花序形成的（图16-6）。

取无花果观察，它的多数小坚果包在肉质内陷的囊状花托中，所以食用部分主要是花托。

（三）聚合果

一朵花中有许多离生雌蕊，各形成果实，聚生同一花托上（图16-6）。

取毛茛、草莓的果实观察，它是许多瘦果聚生在一个花托上。悬钩子的果实则是许多小浆果聚生在一个花托上。

  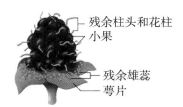

残余柱头和花柱
小果
残余雄蕊
萼片

聚花果（无花果）　　　聚花果（菠萝）　　　聚合果（悬钩子）

图16-6　聚花果和聚合果

四、作业

列表比较各种类型的果实并举例。

五、思考题

（1）果实的分类依据是什么？

（2）柑橘类果实是由多少个心皮发育而成的？它属于什么胎座类型？

（3）桃的核果由几枚心皮发育而成？除了桃以外，你还知道哪些核果？

（4）角果的隔膜为什么是假隔膜？它属于什么胎座类型？

实验 17
原核藻类

一、实验目的与要求

通过对蓝藻门代表种类的实验观察，掌握蓝藻门及代表种类的主要特征。

二、实验材料与用品

1. 实验材料

颤藻属、念珠藻属等新鲜材料或浸制标本及有关装片。

2. 实验用品

显微镜、放大镜、载玻片、盖玻片、小镊子、滴管、培养皿、解剖针、吸水纸。

三、实验内容及方法

蓝藻是简单的具有叶绿素a的自养植物，没有色素体和细胞核，核质集合在细胞中央。蓝藻没有有性生殖，生殖仅仅依靠细胞直接分裂或产生内生或外生孢子。

1. 念珠藻属（*Nostoc*）

水生或气生，藻丝缠绕成片状、球状或丝状的胶质群体。藻丝不分枝，链状，细胞圆球状。

取小段发菜［发状念珠藻（*Nostoc flagelliforme*）］做水封片，在显微镜下仔细观察藻丝构造，可以看到在胶质膜内有许多串珠状丝状体。在这些丝状体中间可以看到个体较大、厚壁而没有颜色的异形胞，两个异形胞之间的一段叫藻殖段（图17-1）。异形胞和藻殖段有什么作用？

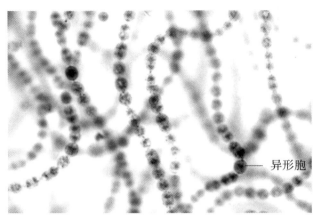

图17-1 念珠藻结构

2. 颤藻属（*Oscillatoria*）

颤藻的细胞为短柱形，互相紧密地连成丝状体，丝状体能颤动，这是颤藻的显著特征。繁殖靠藻丝断裂。丝体上有时有空的死细胞，呈双凹形。藻体上有时还有胶化膨大的隔离盘，亦为双凹形。死细胞和隔离盘将丝状藻体分成几段，每一段都是一个藻殖段（图17-2）。

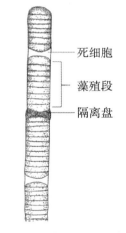

图17-2 颤藻丝状体结构

四、作业

绘颤藻丝状体的形态结构图，并注明各部结构名称。

五、思考题

（1）举例解释下列名词：中央质与色素质（周质）、异形胞、藻殖段。

（2）以实验材料为例总结蓝藻的主要特征，分析蓝藻的原始性。

（3）蓝藻水华的成因是什么？如何防治？

实验 **18**
真核藻类

一、实验目的与要求

（1）通过对绿藻门、褐藻门、红藻门、硅藻门、甲藻门等代表种类的实验观察，掌握各门的主要特征及分门的依据。

（2）了解藻类由简单到复杂，从低级到高级的演化趋势。

二、实验材料与用品

1. 实验材料

新鲜材料及标本：衣藻属、盐藻属、小球藻属、石莼属、水绵属、轮藻属、羽纹硅藻属、舟形藻属、圆筛藻属、紫菜属、海带属、水云属、多甲藻属、角甲藻属、裙带菜、鹿角菜等藻类新鲜材料或浸制标本。

永久制片：水绵接合生殖、海带带片横切片、海带配子体装片、紫菜果孢子体装片、紫菜精子囊装片等。

2. 实验用品

显微镜、放大镜、载玻片、盖玻片、小镊子、滴管、培养皿、解剖针、吸水纸等。

三、实验内容及方法

（一）绿藻门（Chlorophyta）

本门植物的藻体类型非常多样化，有单细胞、群体或多细胞。从绿藻植物的类型，可以清楚地看到植物由原始的单细胞类型向高级的复杂类型演化的情况。绿藻均为绿色，具有与高等植物相似的色素。色素体的形状及数目随种类而异。在叶绿体上有一至多个蛋白核。细胞壁的构造为纤维素与果胶质，细胞中有一至多个细胞核。

1. 衣藻属（*Chlamydomonas*）

取衣藻培养液或制片，在显微镜下观察，可以看到藻体为单细胞，梨形，内有一个厚底杯状色素体，色素体内含有一个蛋白核。细胞前端有两条等长的鞭毛，鞭毛的基部有两个伸缩泡，伸缩泡的侧面有一个具感光作用的眼点（图18-1）。

2. 小球藻属（*Chlorella*）

取一滴普通小球藻（*Chlorella vulga*）水培液滴在载玻片上，置显微镜下观察。可以看到绿色球形的单细胞体，细胞内通常有一个杯状或片状色素体，无蛋白核。

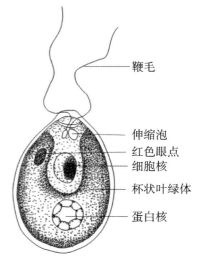

鞭毛
伸缩泡
红色眼点
细胞核
杯状叶绿体
蛋白核

图18-1　衣藻结构示意图

3. 盐藻属（*Dunaliella*）

盐藻是一类单细胞植物，生活在盐湖或海水中。用滴管吸取盐藻培养液，滴一滴在载玻片上，盖上盖玻片，在低倍镜下找到藻体，再转到高倍镜下观察。注意光线不要太强。

盐藻细胞呈椭球形，顶生两条鞭毛，内含一个杯状叶绿体。叶绿体中有一个较大的蛋白核。细胞核位于杯状叶绿体的细胞质中，有时不容易看到。细胞核前端还有一个红色的眼点。

4. 石莼属（*Ulva*）

藻体为膜状体，以多细胞的固着器固着在基物上。取石莼横切面制片在显微镜下观察，可以看到藻体由两层细胞组成，每个细胞含有一个核，每个片状色素体内含一个蛋白核。

5. 水绵属（*Spirogyra*）

水绵为淡水池塘、水坑、沟渠中最常见的一类丝状绿藻。用手指触摸有黏滑感。用镊子采集于广口瓶中，加水。实验时用镊子挑取少许丝状体，制片，于低倍镜观察。单列细胞组成不分枝丝状体即水绵。水绵的细胞呈筒型，每个细胞有一层细胞壁，壁外有一层胶质层，细胞内有一个大液泡及一个核，核周围的细胞质以辐射状原生质丝与细胞壁内侧细胞质相连接，胞内有一至数条带状叶绿体呈螺旋状围绕在细胞壁内侧的细胞质中，叶绿体上有多个颗粒状的蛋白核。

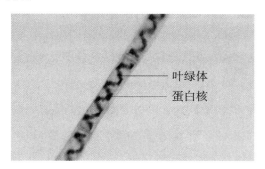

图18-2　水绵的结构

取水绵接合生殖装片，注意观察其接合生殖的两种方式。

梯形接合：两条并列丝状体，细胞中部侧壁相对应处各产生一突起，两相对细胞的突起连接，横壁溶解形成接合管。同时，两相对细胞的原生质体浓缩形成配子，其中一条雄性（＋）藻丝中的配子由接合管流入相对的雌性（－）藻丝细胞中，与雌性藻丝中的配子融合成合子。合子在雌性藻丝细胞腔中发育，形成厚壁。另一条雄性藻丝的细胞变空（图18-3）。

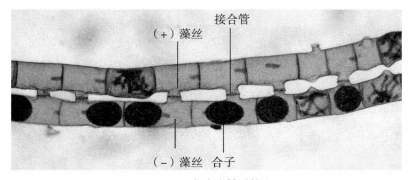

图18-3　水绵的梯形接合

侧面接合：这种接合比较少见，发生在同一藻丝体的两相邻细胞中。首先是两相邻细胞侧壁发生突起，随之突起处横壁溶解，一个细胞所形成的配子通过横壁融化处与相邻细胞的配子融合成合子。

6. 轮藻属（*Chara*）

轮藻属多生于淡水中，尤以含钙质较多的浅水湖泊、池塘、水沟、泉水等水底较多。轮藻下有分枝的假根，上有直立细长的茎，即主枝。侧枝有明显的节和节间的分化，节上有轮生的小枝。取新鲜轮藻或浸制标本，制成水装片。在显微镜下观察卵囊球和精囊球。卵囊球生长在枝腋内，中央有一个大的卵细胞，5个长管形细胞螺旋缠绕其外，上方有5个冠细胞。精囊球圆形，由8个三角形盾片细胞包围。用铅笔轻压盖片，使精囊球破裂，三角形盾片细胞内是棒状的盾柄细胞，盾柄细胞的末端有头细胞和小细胞，其上生有精囊丝。观察并思考：精囊丝由多少个细胞组成？每个细胞可以产生几个精子？

（二）红藻门（Rhodophyta）

红藻门植物少数为单细胞，绝大多数为多细胞体。多细胞体中少数为简单的丝状体，多数为假薄壁组织体。

1. 紫菜属（*Porphyra*）

紫菜属全部为海产。我国沿海常见的有10余种，每年4—5月在大连、青岛等地均可采到，可压制成腊叶标本或浸泡保存。藻体为单层或双层细胞组成的叶状体。

取腊叶标本或浸制标本观察。藻体为紫红色叶状体，多为一层细胞，基部特化为固着器。细胞内含有一个轴生星状色素体、一个蛋白核，为单核细胞。

精子囊：取藻体中部边缘处有乳白色斑块者，横切或撕下一小块，制成水装片在显微镜下观察，可见藻体由单层细胞构成。甘紫菜除普通营养细胞外，还有一些由1个营养细胞分裂产生的64个不动精子囊，表面观有16个，排列为4层（不同种的紫菜精子囊数目不一样）。每个精子囊内含1个不动精子。精子囊小，色浅（图18-4）。

果孢子囊：选颜色为深紫红色处，撕下一小块藻体，制成水装片，在显微镜下观察。甘紫菜除普通营养细胞外，有由合子有丝分裂形成的8个果孢子，排列为两层，每层4个。果孢子大，色深（图18-5）。

壳斑藻期：有条件时取长有壳斑藻的软体动物贝壳，观察壳斑藻的颜色和分布。

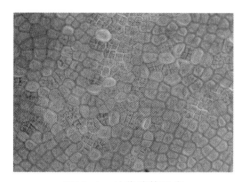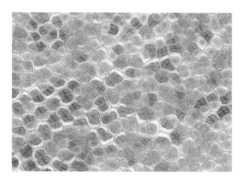

图18-4　甘紫菜精子囊　　　　　　　图18-5　甘紫菜的果孢子

2. 多管藻属（*Polysiphonia*）

藻体圆条形，由长管状细胞构成，具辐射状分枝，分枝顶端往往形成毛丝体。基部有由1~2个细胞组成的假根。

内部构造：做藻体横切面水封片在显微镜下观察，可以清楚地观察到中央有一个大的中轴细胞。在它的周围有四到多个围轴细胞。再取具有四分孢子囊的多管藻体，做水封片，在显微镜下观察藻体内部构造及四分孢子囊的形态及分布。细胞长管形，四分孢子囊呈四面锥形分裂，生在枝的上部。注意观察柄细胞和盖细胞。

取带有精子囊穗的多管藻体做水封片，在显微镜下观察精子囊穗的形态。精子囊穗着生在毛丝体上。

取成熟的多管藻雌配子体，在显微镜下仔细观察果胞系的发育和囊果的形态，注意观察囊果枝、果胞等。

（三）褐藻门（Phaeophyta）

本门植物均为多细胞体，无单细胞和群体类型。

1. 水云属（*Ectocarpus*）

取水云藻体少许做水封片，在显微镜下观察。水云为单列细胞组成的分枝丝状体，顶端细胞常呈无色毛状。细胞圆筒状，单核。色素体粒状。孢子囊有多室和单室之分，配子体均为多室。

2. 糖藻属（*Saccharina*）

代表植物海带［*Saccharina japonica*（Aresch.）Christopher，Charlene，Louis et Gary］为冷温性海藻。海带曾名（*Laminaria japonica* Aresch.），以前被归于海带属（*Laminaria*）。2006年，Lane等人依据基因组研究结果，从原海带属中分出了一个糖藻属（*Saccharina*），海带自此被归于糖藻属。

海带藻体为叶片状，分为带片、柄、固着器三部分。带片为扁带状，固着器由叉状分枝的假根组成。取成熟的带片横切装片，置显微镜下观察，可以看到以下几个部分（图18-6）：

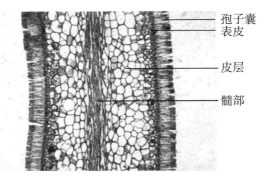

图18-6　海带带片的结构

① 表皮：外层由1~2层方形小细胞组成，排列紧密、整齐。细胞内含有粒状色素体。

② 皮层：位于表皮和髓部之间，细胞较大，壁薄。在外皮层往往能看到纺锤形的腔，通到表皮，这是黏液腔。

③ 髓：位于藻体的中央，由纵横藻丝和喇叭丝组成，无色。

④ 孢子囊：成熟带片的两侧，具深褐色的斑块即孢子囊群。用镊子或解剖针挑取少许孢子囊制成装片，放在显微镜下观察，注意带片表皮外侧棒状

单室孢子囊，以及侧丝（隔丝）即胶质冠的构造。

取海带雌雄配子体整体封片，仔细观察其形态特征（图18-7）。雄配子体为分枝丝状体，由几个到十几个细胞组成，由它产生的精子囊产生精子。雌配子体一般由一个细胞组成，卵囊椭圆形，内产生一个卵。卵成熟时，由卵囊排出并附着在卵囊顶端受精。受精后，合子萌发成新一代孢子体。

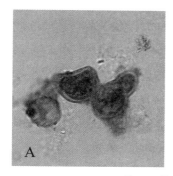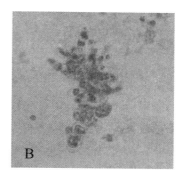

A：雌配子体；B：雄配子体。

图18-7 海带配子体

3.示范观察

（1）裙带菜（*Undaria pinnatifida*）：属于褐藻门海带目。叶片大，有羽状深裂，具明显中肋。

（2）鹿角菜（*Pelvetia siliquosa*）：属于褐藻门。观察鹿角菜腊叶标本或浸制标本。其基部有圆盘状固着器，上部有二叉状分枝，分枝顶端有生殖托。生殖托表面有结节突起。用放大镜检视其上的小孔，即为生殖窝的开口。

（四）硅藻门（**Bacillariophyta**）

本门植物为单细胞，一些种类可由多个单细胞个体彼此相连成多种形态的群体。细胞壁多含硅质，由上壳和下壳组成。壳的顶面和底面称壳面，壳边称连接带。上下连接带总称壳环带或壳环。

1.羽纹硅藻属（*Pinnularia*）

羽纹硅藻属多生于水沟、稻田及雨后积水中。水底的黄褐色泥层或水面的黄褐色泡沫中均有大量的硅藻。可用浮游生物网捞取采集。取羽纹硅藻制成装片后置显微镜下观察，藻体为单细胞，细胞壁由上下两瓣套合而成，形似小盒。壳面观长椭圆形，两端钝圆，瓣面具有花纹，羽状排列，左右对称，可前后缓慢运动。带面观长方形，可从带面两端中部找到上、下壳套合的界线。

2. 圆筛藻属（*Coscinodiscus*）

取圆筛藻制片后在显微镜下观察。藻体为单细胞，呈圆盘形。大多数壳面为圆形，平滑或凸，壳面的花纹从极小的突起至较大的网状，交叉排列或辐射排列，表面中央没有花纹或有玫瑰区，少数在壳面边缘上有小突起或小棘。色素体多为粒状或片状，不具蛋白核。仔细观察圆筛藻的形态，注意上壳和下壳，上、下连接带的区分。

3. 舟形藻属（*Navicula*）

观察方法同上。藻体细胞两侧对称，壳面披针形或长椭圆形，在壳面的中央线上有明显的纵沟。细胞内有两个色素体，片状。细胞单核。

（五）甲藻门（**Pyrrophyta**）

本门植物多为单细胞，少数为群体或具有分枝的丝状体。细胞呈球形、三角形或针形。细胞由多边形的甲片排列而成。上、下壳之间有一横沟，和横沟垂直的带有一个纵沟。核一个，色素体粒状。

1. 多甲藻属（*Peridinium*）

细胞外形多呈双锥形，由多数甲片组成，有横沟与纵沟，由横沟分为上下壳两部分。纵沟在下壳，其所在部位称为腹区。

细胞内有明显的甲藻液泡。色素体多数、粒状，但也有不具色素体的。细胞质为黄棕色或粉红色。细胞核一个，在细胞中央。海生的种类常含有大量的油。

2. 角甲藻属（*Ceratium*）

藻体为单细胞或几个细胞连接成的群体。细胞形状极不对称，有一个很长的顶角和2～3个略短的底角。有的种类只有一个底角，其余底角退化。在细胞中央有一条环状横沟，在细胞腹面中央具有一斜方形的透明区，纵沟在此沟的左方。细胞内部具有多数小颗粒状的色素体，有的种类色素体也分布在顶角和底角内。细胞核一个。

四、作业

（1）绘衣藻的细胞结构图，注明各部名称。

（2）绘水绵接合生殖图，注明各部名称。

（3）绘海带横切面构造图，注明各部名称。

（4）绘轮藻一段分枝，并注明性器官和各部名称。

（5）绘羽纹硅藻的壳面观和带面观，示各种结构。

五、思考题

（1）列表比较真核藻类各门的色素、细胞壁组成、光合产物等方面的异同。

（2）根据所观察的绿藻门植物的特征，分析为什么说绿藻是植物界进化的主干。

（3）藻类植物的生活史有哪些基本类型？

（4）解释下列名词术语：同配生殖、异配生殖、卵式生殖、梯形接合、核相交替、世代交替、同形世代交替、孢子体、配子体、果胞、果孢子、壳孢子、壳斑藻、壳面、带面。

（5）试述紫菜生活史。比较紫菜同海带生活史有何主要不同。

实验19
真菌和地衣

　　了解菌类和地衣植物不同种类的形态特征与结构，进而了解它们在植物界进化过程中所处的位置。

　　1. 实验材料

　　新鲜材料及标本：水霉、黑根霉、青霉等培养材料；双孢蘑菇、香菇、灵芝、层孔菌、冬虫夏草、猴头菇等标本及不同类型的地衣标本。

　　永久制片：黑根霉装片、青霉菌装片、木耳切片、菌褶纵切片、地衣切片等。

　　2. 实验用品

　　显微镜、镊子、解剖针、酒精灯；美蓝溶液、I_2-KI试剂、曙红染液、蒸馏水等。

（一）真菌门

1. 鞭毛菌亚门（Mastigomycotina）

　　菌丝为无隔菌丝，多核。无性生殖产生游动孢子，有性生殖有同配、异配和卵式生殖。

　　水霉属（*Saprolegnia*）：取水霉新鲜材料制成水封片或取永久装片，在显微镜下仔细观察其菌丝体的形态、菌丝是否分隔，观察在菌丝顶端稍膨大的游动孢子囊，孢子囊基部有一横隔与菌丝隔开。

培养水霉时可将死蝇或小死鱼放在培养皿或烧杯中，其内加适量的池塘水，20～30℃几天即可长出水霉菌丝。

2. 接合菌亚门（Zygomycotina）

多数菌丝体由无隔菌丝构成，无性生殖产生孢囊孢子，有性生殖形成接合孢子。

黑根霉（*Rhizopus stolonifer*）：取培养的黑根霉新鲜材料，用解剖针在有霉菌的基质上挑取少许带黑颗粒的菌丝于载玻片上，再加蒸馏水少许，加盖玻片，用低倍镜观察（图19-1）。在视野中，可见许多匍匐生长的丝状物，即为菌丝的匍匐菌丝。再仔细观察菌丝，可见所有菌丝无隔，所以，它是单细胞多核的菌丝体。在菌丝体上，有些菌丝向下生长伸入基质，即为假根。观察黑根霉菌的带黑色或有黑点的菌丝，在匍匐枝上有垂直向上、不分枝的丝状物，叫孢囊梗。再沿孢囊梗向上观察，可见上部膨大形成圆球形的孢子囊，孢囊梗伸向孢子囊中形成孢子囊轴。用解剖针挤压成熟的孢子囊，则见有多数黑色的孢子散出。孢子在适宜基质上会萌发形成新的菌丝（图19-2）。

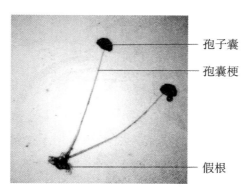

———— 孢子囊

———— 孢囊梗

———— 假根

图19-1　黑根霉结构图

培养根霉时，可用几小块馒头（或面包）放在铺有吸水纸的培养皿内，在空气中暴露2～3小时，然后加盖在20～30℃下培养2～3天，见有白色菌丝并开始有黑色小颗粒时即可用于实验。

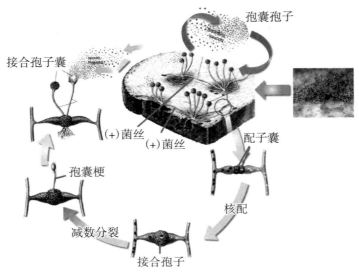

孢囊孢子

接合孢子囊

(+)菌丝
(+)菌丝

配子囊

孢囊梗

核配

减数分裂

接合孢子

图19-2　黑根霉生活史

3. 子囊菌亚门（Ascomycotina）

多数菌丝为有隔菌丝构成，单核或多核。无性生殖产生分生孢子或出芽生殖，有性生殖形成子囊和子囊孢子，包被于子实体子囊果内。

青霉属（*Penicillium*）：取培养的青霉材料自制标本（或青霉菌装片）进行观察。先用低倍镜观察，则见菌丝由横隔膜分开成多细胞的丝状体，每一细胞中只有一核。观察青霉菌无性繁殖所形成的无性分生孢子。再用高倍镜观察菌丝末端，则见其直立的分生孢子梗，然后经2～3次分枝，产生分生孢子小梗，分生孢子梗形成画笔状或称丛枝状（图19-3）。

观察分生孢子小梗的顶部形成多个圆球形的分生孢子。这种孢子不产生于孢子囊内，所以称为分生孢子。应当注意观察分生孢子梗有横隔。

培养青霉时，可将一块橘子皮（或梨、苹果等水果）放在培养皿内，在空气中暴露1～2小时，然后加盖，20～30 ℃下培养几天，见到橘皮上有白色菌丝并开始变绿，即可用于实验。

曲霉属（*Aspergillus*）：取培养的曲霉材料自制标本（或曲霉菌装片）进行观察。营养体也是分隔的菌丝。匍匐于基质上的营养菌丝向空中伸出有球形或椭圆形顶囊的分生孢子梗，在其顶端的小梗或进一步分枝的次级小梗上生出链状的分生孢子。分生孢子梗形成密集头部（图19-3）。

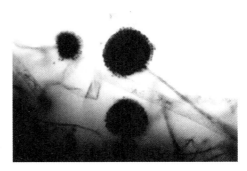

左：青霉；右：曲霉。

图19-3　青霉和曲霉的分生孢子梗

4. 担子菌亚门（Basidiomycotina）

有性生殖产生担子及担孢子。

蘑菇属（*Agaricus*）：取双孢蘑菇标本进行观察。

① 子实体可分成菌柄和菌盖两大部分。菌柄直立，顶部生有菌盖。观察菌盖下部的柄，可以见到生有一圈比较薄的环状结构，叫菌环。菌环的有无与颜色也是伞菌的分类特征之一。

② 观察菌盖的形状与颜色。纵切菌盖，可以看出其上层是由一些菌丝构成的松软的假组织，下层呈鳃叶状，叫菌褶。取菌褶切片进行观察。在低倍镜下，见菌褶上生有一排小的突起，叫子实层。子实层由不育的隔丝和能育的担子构成。

③ 再换高倍镜观察，可以见到担子的形状为长圆形，顶部生有4个担孢子（图19-4）。

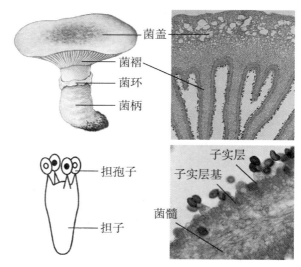

图19-4　蘑菇子实体结构

木耳（*Auricularia auricula*）：担子果耳状、叶状或杯形。取木耳子实体纵切片，或取事先浸泡好的木耳子实体，观察担子果的形态，然后用镊子取一小块子实体放在载玻片中央，加上盖玻片后将其轻轻压碎，置显微镜下观察，可见木耳的子实体由担子和侧丝组成。注意观察木耳的担子是纵隔担子还是横隔担子。

（二）地衣

地衣是光合藻类和高等真菌形成的菌藻共生体，共生菌中子囊菌最多，藻类中有蓝藻和绿藻。

（1）叶状地衣：取梅衣属标本观察，注意叶状体上表面有粉状颗粒，即粉芽堆。将梅衣属标本用温水浸泡1小时，横切制成装片，在显微镜下观察。在上表皮以下可看见藻胞层，藻胞层和下皮层之间为菌丝组成的髓层。

（2）壳状地衣：地衣体为多种多样的壳状物，菌丝与基质紧密连接，很难从基质上剥离。取茶渍属标本，其上生长许多小盘状物，即子囊盘，子实层位于子囊盘的上面。

（3）枝状地衣：地衣体呈树枝状，直立或下垂，仅基部附着于基物上。取石蕊属和松萝属标本观察，并比较它们和壳状地衣、叶状地衣有何不同。

四、作业

（1）绘根霉菌丝体结构图，示匍匐菌丝、假根、孢囊梗和孢子囊、孢囊孢子。

（2）列表比较真菌各大亚门在形态、繁殖结构上的差异，并列出各亚门代表种。

表19-1　真菌各大亚门比较

亚门	菌丝特点	无性生殖	有性生殖	代表种
接合菌亚门	无隔菌丝	产生孢囊孢子进行无性繁殖	配子囊配合，产生接合孢子	黑根霉

五、思考题

（1）真菌的菌丝与藻类的藻丝有什么区别？

（2）以实验材料为例，比较子囊菌亚门和接合菌亚门形态结构及生殖特点的差异。

实验20
苔藓植物

一、实验目的与要求

（1）通过对苔藓代表植物的外部形态和内部构造的观察，掌握苔藓植物的主要特征。

（2）了解苔纲与藓纲的主要区别，识别一些常见的苔藓植物。

二、实验材料与用品

1. 实验材料

腊叶标本或新鲜植物：地钱、葫芦藓。

永久制片：地钱胞芽杯及胞芽装片、地钱配子体横切片、地钱雌器托切片、地钱雄器托切片；葫芦藓精子器、颈卵器纵切片，葫芦藓孢子体切片、葫芦藓原丝体装片等。

2. 实验用品

放大镜、显微镜、解剖针、镊子、载玻片、盖玻片、滴管等。

三、实验内容及方法

1. 藓纲（Musci）

葫芦藓（*Funaria Hygrometrica*），隶属于葫芦藓目葫芦藓科，为土生小型藓类，多分布于阴湿的林下、山坡、墙角、庭园等处。

配子体：取葫芦藓观察。植株高1~3 cm，为拟茎叶体，分茎、叶、假根三部分。茎多分枝，茎的顶端具生长点。叶丛生于茎的上部，卵形或舌形，在基部生有许多毛状假根。雌雄同株。雄枝顶端的雄苞叶叶形宽大且向外张开，形似一朵小花，叶丛中生有许多精子器和侧丝。而雌枝顶端着生的雌苞叶形似顶芽，其中生有数个颈卵器。

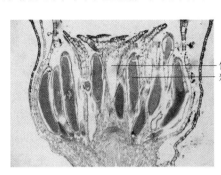

图20-1　葫芦藓精子器结构

　　取葫芦藓精子器及颈卵器装片分别进行观察。

　　精子器丛生，椭圆形或长卵形，基部有短柄，壁由一层细胞组成，内有精子。侧丝分布于精子器之间。

　　雌枝顶端的颈卵器数目较少。颈卵器瓶状，其壁由一层细胞组成，颈部较长，内有一串颈沟细胞，腹部膨大，内有一个卵细胞和一个腹沟细胞。受精时精子游泳进入颈卵器和卵细胞融合，形成合子。合子在颈卵器内发育成胚，由胚再生长成孢子体。

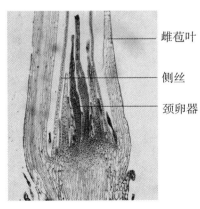
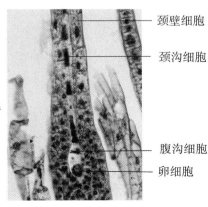

图20-2　葫芦藓颈卵器结构

孢子体：取葫芦藓生孢子体的雌枝观察。孢子体生于雌枝的顶端，外形分三部分：

基足：插入雌配子体顶端组织内，外观上不易看见。

蒴柄：细长的蒴柄。

孢蒴：即蒴柄顶端的囊状物，像一个歪斜的葫芦。孢蒴上有蒴帽，揭去蒴帽可以看见蒴盖。用解剖针轻轻剥掉蒴盖，露出蒴口及蒴口周围的蒴齿。

取葫芦藓孢蒴纵切片，观察孢蒴结构。最上端为蒴盖，中段为蒴壶，下部为蒴台。蒴壶结构复杂，最外层为表皮细胞，表皮内侧为数层细胞构成的蒴壁，蒴壁内侧为含有叶绿体的同化丝和许多气室，气室内侧为数层细胞构成的外孢囊，再内为1层孢原组织，其内为1层细胞构成的内孢囊。孢囊内部为薄壁细胞构成的蒴轴。在蒴壶的口部有上、下2层蒴齿。想一想：蒴齿具有什么作用？

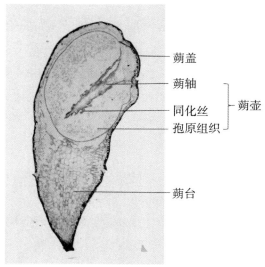

蒴盖

蒴轴

同化丝 ⎤
孢原组织 ⎦ 蒴壶

蒴台

图20-3　葫芦藓孢蒴结构

2. 苔纲（Hepaticae）

地钱（*Marchantia polymorpha*），隶属于地钱目地钱科。为具有背腹面之分的叶状体。多生于阴湿的林地、墙角、林边和水沟边。

配子体：地钱植物体为绿色、扁平、二叉分枝的叶状体，即为有背腹面之分的地钱配子体。用放大镜观察，其背面有许多菱形网纹，网纹中央有一个小白点（想一想：这个小白点是什么？）。叶状体腹面有单细胞的假根和多细胞的紫色鳞片。

叶状体背面中央常有杯状的胞芽杯，内有许多胞芽（胞芽的作用是什么？）。取一个胞芽做简易装片，或取胞芽永久制片，置于显微镜下观察。胞芽为绿色近圆片状，左右两侧各有一凹陷处，这就是生长点的位置。胞芽基部有一无色透明的短柄。

地钱配子体雌雄异株。雄株背面有伞形的雄器托（雄生殖托），由细长的托柄和边缘波状浅裂的圆盘状托盘组成，托盘表面有许多小孔，每个小孔内埋着1个精子器。取地钱的雄器托纵切片在显微镜下观察精子器结构。精子器呈椭圆形，外具1层不孕细胞组成的精子器壁，内有许多精原细胞，精原细胞有丝分裂产生许多精子。精子器基部有柄与雄器托的组织相连。

地钱雌株背面有雌器托（雌生殖托），也呈伞形，但托柄较长，托盘呈放射形指状深裂形成指状芒线，指状芒线间的下方倒悬着一列颈卵器，每列颈卵器两侧有1片薄膜遮盖，称为蒴苞。取地钱雌器托纵切片在显微镜下观

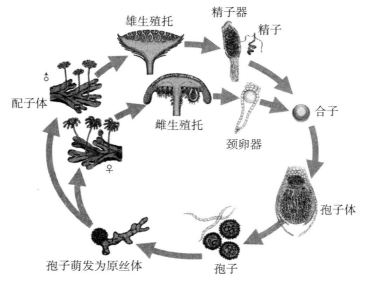

图20-4　地钱生活史

察，每个颈卵器呈长颈烧瓶状，可分为颈部和腹部。颈部由1层颈壁细胞组成，其内有1列颈沟细胞（5~6个细胞）。腹部外围为腹壁细胞，内有1个腹沟细胞和1个卵细胞。成熟的颈卵器中，颈沟细胞和腹沟细胞均解体，仅余卵细胞。

孢子体：颈卵器中的卵细胞受精后，合子直接在颈卵器中发育为胚，进一步发育为孢子体。随着孢子体的发育，颈卵器也长大，包于孢子体外面。同时，围绕颈卵器基部的细胞也不断分裂发育，最后在颈卵器外形成1个套筒状的保护结构，称为假蒴萼。因此，在地钱孢子体外共有3层保护结构，即颈卵器、假蒴萼和蒴苞。取地钱孢子体纵切片进行显微观察。孢子体由基足、蒴柄和孢蒴三部分组成。基足埋于颈卵器基部的组织中。蒴柄较短，连接基足与孢蒴。孢蒴椭球状，最外1层为蒴壁细胞，中央充满由孢子母细胞减数分裂形成的孢子，以及由孢子母细胞直接发育而成的弹丝（想一想：弹丝具有什么特点？其作用是什么？）。

地钱生活史见图20-4。

四、作业

绘葫芦藓精子器、颈卵器纵剖面图，注明各部位构造名称。

五、思考题

（1）苔藓植物是植物界的"两栖类"，为什么？
（2）苔藓植物的生活史具有什么特点？

实验21
蕨类植物

一、实验目的与要求

通过对蕨类代表植物的外部形态和内部构造的观察，掌握蕨类植物的主要特征。

二、实验材料与用品

1. 实验材料

腊叶标本或新鲜植物：中华卷柏、石松、问荆或犬问荆、肾蕨或铁线蕨等。

永久制片：卷柏孢子叶穗纵切片、石松孢子叶穗纵切片、蕨原叶体装片等。

2. 实验用品

放大镜、显微镜、解剖针、镊子、载玻片、盖玻片、滴管等。

三、实验内容及方法

1. 石松亚门（Lycophytina）

（1）石松（*Lycopodium japonicum*），隶属于石松科石松属。

取石松孢子体腊叶标本，观察石松植株的外形。植物体为多年生草本，茎有匍匐茎和直立茎之分，匍匐茎上着生不定根，直立茎二叉分枝。叶纸质，在主茎上稀疏着生，螺旋状排列。在侧枝及小枝上的叶螺旋状密集着生。用放大镜观察石松叶是否有叶脉，是大型叶还是小型叶。孢子叶聚生于分枝顶端，形成孢子叶穗。

　　取石松孢子叶穗纵切片在显微镜下观察。在孢子叶穗轴两侧排列着孢子叶，每片孢子叶的叶腋位置着生着1个具短柄的肾形孢子囊，孢子囊内的孢子母细胞经过减数分裂形成4分孢子。孢子同型异性。

　　（2）中华卷柏（*Selaginella sinensis*），隶属于卷柏科卷柏属。

　　取中华卷柏腊叶标本或新鲜植物进行孢子体外形观察。植物体为多年生草本，植株细弱，匍匐状，具背腹性，二叉分枝，下生光滑的根托，根托上着生不定根。茎上叶4列，2行侧叶较大，2行中叶较小。

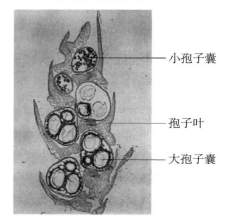

　　取中华卷柏孢子叶穗纵切片进行观察。孢子叶穗单生枝顶，四棱柱形。孢子囊圆肾形具短柄，着生于孢子叶叶腋处。孢子囊具大小之分：大孢子囊通常

图21-1　卷柏孢子叶穗结构

少数，位于孢子囊穗的下部，每个大孢子囊内具1～3个大孢子；小孢子囊多数，位于孢子囊穗的中上部。孢子二型（图21-1）。

　　2. **楔叶亚门**（Sphenophytina）

　　问荆（*Equisetum arvense*）或犬问荆（*Equisetum palustre*），隶属于木贼科问荆属。

　　孢子体外形：孢子体具地下根状茎和地上直立茎，均具有明显的节和节间。地上茎分营养枝和生殖枝，营养枝绿色具分枝，节间有6～15条棱脊，叶退化。问荆生殖枝浅褐色，犬问荆的生殖枝为绿色，均不分枝。孢子叶球生于茎顶，毛笔状。

　　取问荆孢子叶球观察。孢子叶球由许多六角形盘状的孢囊柄组成，盘状体下部侧缘内着生5～10枚长筒形孢子囊。其内有孢子母细胞，减数分裂形成多数孢子，孢子外壁分裂成4条螺旋状的弹丝。成熟时孢子囊纵裂，弹丝脱水伸直，帮助孢子散发。

3. 真蕨亚门（Filicophytina）

取盆栽的肾蕨（*Nephrolepis auriculata*）或铁线蕨（*Adiantum capillus-veneris*），观察植物体的形态特征。叶为大型叶还是小型叶？孢子囊着生于什么位置？用镊子取一孢子囊群放在载玻片上，滴水封片，在显微镜下观察孢子囊的形状和构造（图21-2）。然后轻压盖玻片，把孢子挤出，观察孢子的形状和大小。

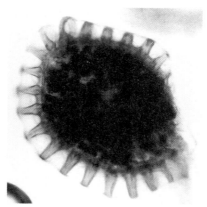

图21-2　蕨的一个孢子囊

取蕨原叶体装片在显微镜下观察。蕨原叶体心脏形，由薄壁细胞组成，含叶绿体，能独立生活。腹面生多数单细胞假根，在假根之间生有球形的精子器，突出表面，内含多数精子。在凹陷处附近，生有颈卵器。

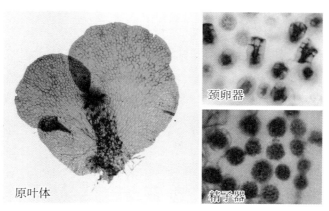

图21-3　蕨的配子体、颈卵器和精子器

123

四、 作业

绘蕨原叶体图，示精子囊和颈卵器。

五、 思考题

比较苔藓植物与蕨类植物的形态结构和生活史特征。谁更适应陆生环境？

实验22
校园裸子植物调查与观察

根据《中国植物志》第7卷，裸子植物分为4纲，即苏铁纲（Cycadopsida）、银杏纲（Ginkgopsida）、松杉纲（Coniferopsida）和买麻藤纲（Gnetopsida）[或称盖子植物纲（Chalmydospermopsida）]。本实验主要调查校园栽培的裸子植物种类及分布，并对几种代表裸子植物的结构进行观察。

一、实验目的

（1）对校园裸子植物的种类、分布地点进行调查。

（2）掌握银杏营养器官、雌雄球花及种子的结构特点。

（3）重点掌握松杉纲三个科——松科（Pinaceae）、杉科（Taxodiaceae）、柏科（Cupressaceae）代表植物营养器官、雌雄球果的结构特点。

二、实验材料与用品

1. 实验材料

银杏、黑松、白皮松、雪松、杉木、圆柏、侧柏等带球果的新鲜材料、腊叶标本或浸制标本及有关切片。

2. 实验用品

《崂山植物志》《山东植物精要》《中国常见植物野外识别手册——山东册》、数码相机、枝剪、放大镜、生物显微镜、体视显微镜、刀片、镊子、解剖针、载玻片、盖玻片等。

三、实验内容及方法

（一）调查方法

每4~5名同学分为一组，对校园裸子植物的种类、分布地点进行调查，拍照并根据物种铭牌记录植物名称、科属、分布位置，同时认真观察其主要特点。对于少数没有物种铭牌的植物，可借助花伴侣、形色等手机软件和工具书进行检索鉴定。

用枝剪剪取银杏、黑松、杉木、圆柏、侧柏等植物的新鲜枝条（最好带球花或球果），带回实验室进行详细的解剖观察。

（二）银杏纲（Ginkgopsida）代表植物观察

取银杏（*Ginkgo biloba*）新鲜枝条或腊叶标本，观察其形态特征。银杏为落叶乔木，有长枝和短枝之分，叶为单叶、扇形，叶脉二叉状，在长枝上互生，在短枝上则为簇生。观察时注意叶在枝上的排列方式。银杏为雌雄异株，大、小孢子叶球均着生在短枝上。

① 大孢子叶球（雌球花）：具一长柄，上部二叉分枝，其末端膨大的肉质部分称珠托，珠托上各生一个直生胚珠，通常只有一个胚珠发育成种子。

② 小孢子叶球（雄球花）：具一长柄，呈菜荑花序状（实际上为单花），由多数雄蕊（小孢子叶）着生在一条柔软下垂的细轴上。每个小孢子叶生两个花粉囊，每一囊中含有多数小孢子。

③ 种子：用刀片或解剖刀将种子纵切进行观察。种皮分三层：外种皮肉质；中种皮白色，骨质；内种皮膜质，红色。胚乳肉质，白色。注意胚生长的位置和子叶数目。

（三）松杉纲（Coniferopsida）代表植物观察

1. 松科（Pinaceae）

松科主要特点是球果的种鳞与苞鳞离生（仅基部合生），每种鳞具2粒种子；小孢子叶具2个小孢子囊，花粉多有气囊。叶条形或针形。

（1）黑松（*Pinus thunbergii*）。

取黑松新鲜枝条观察，首先区别长、短枝。长枝上螺旋着生褐色鳞形叶，叶腋内生有短枝；短枝顶端双生2枚针形叶。大孢子叶球（雌球花）着生于一年生长枝顶端，呈肉红色；小孢子叶球（雄球花）生于一年生长枝基部。大孢子叶球在二年生长枝顶端成长为绿褐色雌球果，在三年生长枝顶端成为褐色开裂的雌球果。

① 大孢子叶球（雌球花）：取一年生大孢子叶球，用刀片纵切（或取大孢子叶球纵切永久制片），可观察到苞鳞着生于珠鳞背面，胚珠着生在珠鳞的腹面。有几个胚珠？珠孔开口朝哪个方向？再取二年生及三年生雌球果，观察苞鳞和珠鳞变化。苞鳞不随种子成熟而增大，珠鳞则明显增大且木质化，后称种鳞（果鳞）。

② 小孢子叶球（雄球花）：小孢子叶球长椭圆形，多个簇生于当年新枝的基部。取一个雄球花用放大镜观察。小孢子叶（雄蕊）螺旋状排列在花轴上。从中取下一个小孢子叶在显微镜下观察，可见其背面着生两个小孢子囊。取少许花粉粒（雄配子体），制成水装片（或取松花粉粒的永久制片），在显微镜下观察花粉粒的形态构造。每个成熟花粉粒有花粉粒壁，内有退化的第一及第二原叶体细胞（仅有遗迹）、生殖细胞和管细胞，下部有二枚气囊（图22-1）。花粉粒成熟时，小孢子囊干燥纵裂，散布具气囊的小孢子。小孢子随风传播，落在大孢子叶球的胚珠上。

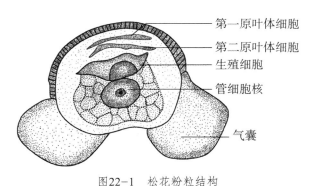

图22-1　松花粉粒结构

③ 球果：取三年生雌球果进行观察。成熟的球果质地坚硬，干后开裂，胚珠在其中发育成种子。取下一片带种子的种鳞，种鳞前端盾面称鳞盾，其

上有鳞脐。种鳞基部有二粒倒生种子。种子具翅，翅来源于珠鳞的表皮组织。成熟的种子外面具坚硬的种皮。

④ 种子：取黑松的种子，先看其外部形状特点，再用解剖刀纵切，观察其内部构造特征。由珠被发育来的种皮分三层：外层肉质（不发达，后变干燥），中层石质，内层纸质。在种皮内有一层棕色薄膜，为珠心组织，其内为白色胚乳和一个倒生的胚。观察胚的结构，胚具成熟的胚根、胚轴、胚芽、子叶。注意子叶的数目。

（2）雪松（*Cedrus deodara*）。

取雪松新鲜枝条进行观察。观察要点：叶在长枝上辐射伸展，在短枝上簇生。针叶坚硬，下部三棱形，腹面两侧各有2～3条气孔线，背面4～6条。雄球花长卵圆形或椭圆状卵圆形，雌球花卵圆形。球果成熟前淡绿色，熟时红褐色；中部种鳞扇状倒三角形，苞鳞短小；种子近三角状，种翅宽大，较种子为长。

（3）白皮松（*Pinus bungeana*）。

观察校园中的白皮松植株，树皮具不规则片状脱落，形成绿白相间或褐白相间的斑鳞状。取一枝条进行观察，针叶3针一束。雄球花卵圆形或椭圆形，多数聚生于新枝基部成穗状。雌球果成熟前淡绿色，成熟时淡黄褐色；种鳞矩圆状宽楔形，鳞盾近菱形，有横脊，鳞脐生于鳞盾的中央，明显，三角状，顶端有刺；种子灰褐色，近倒卵圆形，种翅短，有关节，易脱落。

2. 杉科（Taxodiaceae）

杉科同松科的主要区别是珠鳞和苞鳞半合生；每珠鳞具2～9枚胚珠；花粉无气囊。

取杉木（*Cunninghamia lanceolata*）新鲜或腊叶标本进行观察。

观察叶形及在枝上排列的状况。叶披针形，镰状，坚硬，在侧枝上叶基扭转成二列状排列，叶背有两条白色气孔带。大小孢子叶球分别生于不同枝条的顶端。

① 小孢子叶球：小孢子叶螺旋状排列（水杉例外），小孢子囊通常3～4枚，小孢子无气囊。

② 大孢子叶球：大孢子叶螺旋状排列，珠鳞与苞鳞多为半合生，珠鳞腹面茎部有2～9枚直立或倒生胚珠（图22-2）。

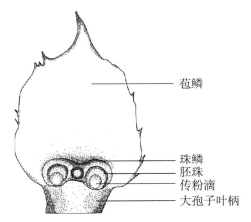

珠鳞

胚珠

传粉滴

大孢子叶柄

苞鳞

图22-2 杉木大孢子叶

③ 球果及种子：从球果中取下一个种鳞进行观察。种鳞和苞鳞几乎完全愈合，扁平或盾形，木质或革质。其腹面有几粒种子？如何着生？种子是否有翅？

3. 柏科（Cupressaceae）

柏科的特点是珠鳞与苞鳞完全合生，每珠鳞具1至多枚胚珠。花粉无气囊。

（1）侧柏（*Platycladus orientalis*）。

取侧柏新鲜枝条或蜡叶标本进行观察。注意观察其叶片是否全为鳞片叶。叶在小枝上为交互对生，排成一平面，叶背中间有条状槽腺，孢子叶球雌雄同株，球果当年成熟。

① 小孢子叶球（雄球花）：小孢子叶球生于枝条的顶端，卵圆形，成熟时淡黄色，每个小孢子叶球由10个小孢子叶组成，交互对生，每个小孢子叶着生2～4枚小孢子囊。

② 大孢子叶球（雌球花）：大孢子叶球近球形，由3～4对珠鳞组成，交互对生。仅中间2对珠鳞下方着生2个胚珠；靠上方一对珠鳞，每个只有一个

胚珠。最上一对珠鳞和最下一对珠鳞常常不育。

③ 球果：取侧柏成熟的球果用放大镜进行观察，种鳞4对，木质化。将每个种鳞上着生种子数目同大孢子上胚珠数目对照，种子是否有翅？

（2）圆柏（*Juniperus chinensis*）。

取圆柏新鲜枝条或腊叶标本进行观察，注意其叶为两型，即刺叶及鳞叶。刺叶生于幼树之上，老龄树则全为鳞叶，壮龄树兼有刺叶与鳞叶。球果为浆果状，成熟肉质化。

四、作业

（1）以小组为单位，以电子地图为底图，绘制校园裸子植物的分布图。

（2）以小组为单位，按《崂山植物志》或《山东植物精要》的分类系统排列顺序，依照门、纲、科、属、种阶层列出校园裸子植物名录电子版，每种植物要写清中文名、拉丁名，简要特征，并附照片。

（3）绘松成熟花粉粒结构图，注明各部位构造名称。

五、思考题

（1）图解松属植物的生活史，并说明其种子的各部分结构及来源。

（2）与苔藓植物和蕨类植物相比，裸子植物在适应陆地生活方面有哪些进步的特征？三者之间生活史上存在哪些差异？

实验23
校园被子植物调查与观察

一、实验目的

（1）通过校园被子植物的调查与观察，识别常见的校园植物。

（2）学会用正确的植物学术语描述植物的形态结构特点。

二、实验用品

《崂山植物志》《山东植物精要》《中国常见植物野外识别手册——山东册》、放大镜、镊子、解剖针、照相机、笔记本等。

三、实验内容及方法

校园中通常生长着上百种被子植物，多数为栽培种植，也有一些自然生长的草本植物。对植物种类的识别和鉴定应基于对植物形态特征的全面仔细观察，所以在植物的花果期进行最为适宜。

1. 校园被子植物形态结构的观察

正确认识植物各部分的形态结构，用准确的术语进行描述，是进行植物种类识别与鉴定的基础。将同学们按4～6人为一小组进行分组，依据教材和检索表附录内的形态学术语，对校园被子植物的形态结构进行认真观察。

（1）植物质地观察：对植物的观察，首先应观察植物是草本还是木本。木本须分清是灌木、乔木还是木质藤本，是常绿还是落叶类型；草本则须注意是一年生、两年生还是多年生草本。

（2）根的观察：对便于观察根系的一些草本植物，观察其根系的类型和

特征。是直根系还是须根系？是否存在根的变态类型（肉质直根、块根、气生根、寄生根等）？

（3）茎的观察：观察茎的生长类型，分清是属于直立茎、缠绕茎、攀缘茎、平卧茎和匍匐茎中的哪一种，有无地下根状茎。再观察茎的外部形态，是圆柱形还是四棱形？实心或空心？有无髓的存在？注意茎的高度、粗细、色泽、节与节间特点，茎上皮孔、表皮毛等附属物，分枝类型（单轴分枝、合轴分枝、假二叉分枝、分蘖），嫩枝与老枝是否有区别，是否有长短枝之分，以及顶芽、腋芽等。

（4）叶的观察：首先区分是单叶还是复叶，是对生、互生还是轮生，有无托叶，再观察叶的颜色、大小、外形、质地、表皮毛等。

（5）花的观察：花、果实、种子的特征在遗传上比较稳定，不容易受到环境的影响，因此在种子植物分类时，常以生殖器官特征作为区分科、属、种的主要依据，在观察时尤其要重视。

首先观察是单生花还是形成何种花序，是否具有苞片或总苞，花是两侧对称还是辐射对称，是单性花还是两性花，是合瓣花还是离瓣花。然后解剖一朵花，由外而内，观察其花萼、花冠、雄蕊、雌蕊的色泽、数量、联合情况，在花托上的着生、排列方式，有无花盘、蜜腺等附属物等，再对子房进行横切和纵切解剖，观察是子房上位、下位还是半下位，是单雌蕊还是复雌蕊，由几个心皮组成、胎座类型、子房室数、胚珠数目等。

（6）果实和种子的观察：主要观察成熟果实和种子的类型、形态、大小、色泽等。

2. 校园被子植物种类的识别和鉴定

在对植物整体形态特征进行认真细致观察的基础上，依据植物检索表进一步对校园植物进行识别和鉴定。同时记录好植物的名称、科属、简要特征，拍摄照片。拍摄照片时要注意抓住其整体形态和典型特征，必要时可拍摄花、果等器官的解剖图。

3. 校园植物的归纳统计

在对校园植物进行识别统计后，按《崂山植物志》或《山东植物精要》

的分类系统排列顺序进行归纳与整理，统计优势科与优势种。

4. 校园外来入侵植物的统计

外来入侵生物主要是非本地的（中国境外的、原产地不在中国的）（外来），对农林牧渔业生产、生物多样性、生态环境、人类健康产生威胁与导致危害（入侵），能在自然界自我繁衍的生物。包括入侵微生物、入侵植物和入侵动物。其中入侵植物主要指在农业、林业、湿地、草原、淡水、海洋等不同生态系统中带来危害与威胁的有害植物（如草本、藤本、灌木、藻类等植物及部分有明显危害性的乔木）。在中国外来入侵物种信息系统中列出了521种外来入侵植物（https://www.plantplus.cn/ias/）。在17世纪前入侵的植物种类就有50余种，20世纪初达到150余种。其中以杂草类居多。陆生入侵植物中以菊科种类数量最多，禾本科次之。

依据附录2《中国外来入侵植物名录》，统计校园中分布的外来入侵植物种类。

四、作业

（1）以小组为单位，以电子地图为底图，绘制校园被子植物的分布图。

（2）以小组为单位，按《崂山植物志》或《山东植物精要》的分类系统排列顺序，依照门、纲、科、属、种阶层列出校园被子植物名录电子版，总结优势科（5种以上）的科主要鉴别特征。每种植物要写清中文名、拉丁名，写下简要特征，并附照片。

（3）选取10～20种植物，编制定距检索表。

五、思考题

（1）校园绿化植物种类的选择和搭配与环境有什么关系？

（2）校园中存在哪些外来入侵物种？它们在校园里的生长情况是怎样的？

（3）地球上裸子植物在1亿年前的中生代时期繁盛，但在新生代逐渐衰落，被子植物逐渐占据了主导地位。从裸子植物和被子植物的结构特点，想一想：为什么被子植物能代替裸子植物占据主导地位？

03

第三篇

创新思考型实验

实验 **24**
植物生长发育过程观察

一、实验目的与要求

（1）从种子萌发开始，进行植物的培养和生长发育观察。

（2）了解种子萌发及植物培养的基本条件。

（3）学会用专业术语描述植物的形态结构。

二、实验材料与用品

1. 实验材料

（1）大豆（*Glycine max*）种子。

（2）菜豆（*Phaseolus vulgaris*）种子。

（3）南瓜（*Cucurbita moschata*）种子。

（4）向日葵（*Helianthus annuus*）种子。

（5）萝卜（*Raphanus sativus*）种子。

（6）白菜（*Brassica pekinensis*）种子。

（7）玉米（*Zea mays*）颖果。

（8）小麦（*Triticum aestivum*）颖果。

2. 实验用品

小花盆、土壤、培养皿、吸水纸、照相机等。

三、 实验内容及方法

1. 浸种

选取成熟健全的植物种子若干，置于培养皿中，培养皿底部放几层吸水纸，加适量水至刚浸没种子。种子在水中浸泡2~3天，注意每天换水，使种子充分吸水膨胀。

2. 萌发观察

观察种子萌发过程（哪一部分先突破种皮？从什么地方突破的？），待种子萌发后，统计萌发率。

种子萌发的标准是：玉米、大豆、蚕豆等的幼根、幼芽长度与种子直径等长；小麦、水稻幼根长度与种子等长，幼芽长度为种子长度的1/2。

萌发率计算：萌发率（%）=发芽种子的粒数/种子总粒数×100%。

3. 播种

将5~10粒萌发种子播种于盛有松软土壤的花盆中，深度约3 cm，放置在温暖、有光照的地方，定期适当浇水，使土壤保持湿润。

4. 观察记录

播种后，定时（每天一次）观察并拍照，将种子萌发和幼苗形成等形态变化的过程记录到表24-1中，包括浸种日期、根伸出日期、芽伸出日期、留土或出土萌发情况、叶及茎的发生过程。

表24-1 种子萌发情况

种子名称	浸种日期	根伸出日期	芽伸出日期	萌发方式（出土/留土）	萌发率	备注
大豆						
菜豆						
南瓜						
向日葵						
萝卜						
白菜						

种子名称	浸种日期	根伸出日期	芽伸出日期	萌发方式 （出土/留土）	萌发率	备注
玉米						
小麦						

5. 植物形态结构描述

在培养实验结束前，观察根、茎、叶的形态结构特点并拍照，记录到表 24-2中。

观察要点：

根系：直根系或须根系。

茎：茎生长习性（直立、缠绕、匍匐、攀缘）、质地（草本、木本），测量茎高、直径，分枝类型（单轴分枝、合轴分枝、假二叉分枝），等等。

叶：单叶或复叶，叶序类型（对生、互生、轮生），叶形、叶尖、叶缘、叶基、叶裂类型，叶长宽，叶表面有无被毛，等等。

花：如开花，记录花序及花各部分形态特点，写出花程式。

果实：如结果，记录果实类型、形态、大小等。

表24-2　植物生长发育观察记录

名称	株高	根系	茎	叶	花	果实	观察日期
大豆							
菜豆							
南瓜							
向日葵							
萝卜							
白菜							
玉米							
小麦							

四、作业

查阅相关资料，并将观察结果撰写成小论文。

小论文撰写格式如下：

_____的种子萌发及生长发育观察

专业　　　　年级　　　　姓名

1. 前言（概述植物种的背景知识、实验目的及意义）

2. 实验材料及培养方法

　2.1 实验材料

（植物物种拉丁名、分类地位）

　2.2 培养方法

（种子萌发过程，培养温度、光照、水分等）

3. 实验结果

　3.1 种子萌发实验观察结果

（种子形态描述，种子萌发率、萌发方式等）

　3.2 植物生长发育观察结果

（植物生长过程记录、外形特点及各器官解剖结构描述，附照片）

4. 讨论

（对种子萌发条件、植物生长条件、植物培养注意事项等进行讨论）

5. 参考文献

五、思考题

（1）在种子萌发的过程中，各类种子的子叶功能是否一致？举例说明。

（2）如何理解"种子的胚是一个幼小的植物体"？

（3）种子萌发需要哪些外界条件？

实验 25
植物营养器官整体性研究与显微观察摄影

一、实验目的与要求

（1）掌握植物徒手切片技术。

（2）了解植物营养器官的结构和功能。

（3）学习基本的数码显微摄影及图像处理技术。

二、实验材料与用品

1. 实验材料

在实验24"植物生长发育过程观察"中自行培养的各种植物。

2. 实验用品

电脑型数码生物显微镜、质量体积百分比0.1%番红染液、K_2-KI染液、双面刀片、小刀、镊子、毛笔、培养皿、滴管、蒸馏水、载玻片、盖玻片、胡萝卜、吸水纸等。

三、实验内容及方法

1. 数码显微观察及摄影方法

电脑型数码生物显微镜是由生物显微镜主机、数码显微镜接口、显微镜摄像头、电脑组合而成的，基本组成如图25-1所示。三目型生物显微镜的其中一个目镜通过数码显微镜接口连接显微镜摄像头，并将图像信号传递给电脑，在电脑上利用显微图像处理软件对样品进行实时观察、拍照、录像，并能对拍摄影像进行图像的编辑、测量等处理。

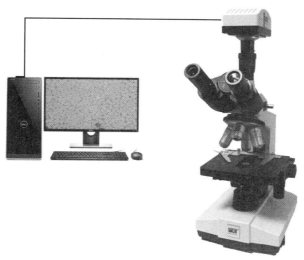

图25-1 电脑型数码生物显微镜

不同的显微图像处理软件操作步骤各有不同。但总体应注意以下事项：

（1）首先按照常规生物显微镜的使用方法，利用双眼通过目镜对显微镜进行光线的调节，然后从低倍镜到高倍镜，逐步对制片进行调焦和观察。

（2）将需拍摄的图像置于视野中央，打开电脑上的显微图像处理软件，进行图像预览。有时显微镜摄像头的焦距与目镜直接观察存在一定偏差，可转动微调焦旋钮使电脑上预览的图像清晰。

（3）按显微图像处理软件的使用说明，调整图像的白平衡、色彩饱和度、锐度等，设置好图像的保存路径，然后进行拍照。

（4）利用显微图像处理软件打开所拍摄的照片，根据需要进行裁剪、测量、标注等编辑处理。

2. 根的观察

用镊子夹取一段植物的根尖，用压片法做成简易水封片，用K_2-KI染液进行染色，置于显微镜下观察根尖的四个分区，并拍照，在照片上注明各部分结构。

选取较粗壮的根进行徒手横切片，用质量体积百分比0.1%番红染液进行染色，观察横切面，并拍照，在照片上注明各部分结构。

3. 茎的观察

观察茎的外部形态、茎的分枝特点。

取较幼嫩的茎做徒手切片，用质量体积百分比0.1%番红染液进行染色，观察横切面，并拍照，在照片上注明各部分结构。

在对较幼嫩的玉米和小麦植株茎做徒手切片时，要注意茎上部的圆筒状结构可能只是由叶鞘卷成的，不要与实心的茎结构混淆。

4. 根茎过渡区的观察

对根茎连接部分进行连续徒手切片，多取几片，观察维管组织从根到茎的连续性变化特点。

5. 叶的观察

观察叶的着生方式及外部形态特点。

制取叶的上下表皮水封片，观察并拍照，注明各部分结构。（制取叶表皮时，一些植物叶表皮容易撕取，如大豆、向日葵、南瓜等；但玉米、小麦等植物叶表皮质地比较致密，难以撕取，可采用刮去叶肉组织的方法制取叶表皮。）

以胡萝卜块作为夹持物，做叶片横切面的徒手切片，观察并拍照，注明各部分结构。

四、作业

提交编辑、标注好的照片。照片的文件名以"姓名+植物名称+观察部位"格式命名。包括：

（1）植物根横切结构图像2张：一张在4×物镜下拍摄，显示根横切全貌；一张于10×或40×物镜下拍摄，显示根的中柱结构。

（2）植物茎横切结构图像2张：一张在4×物镜下拍摄，显示茎横切全貌；一张于40×物镜下拍摄，显示茎中的一个维管束结构。

（3）叶表皮图像1张。

（4）叶横切面结构图像1张。

五、思考题

（1）在你所制取的根尖分生区压片中，是否观察到处于有丝分裂期的细胞？如果没有观察到，想一想是为什么。

（2）比较你所观察的植物根和茎中的初生木质部和初生韧皮部的数量和排列位置有何不同。植物维管组织是如何实现从根到茎中的转变的？

（3）比较玉米、小麦的叶和大豆、向日葵、南瓜的叶结构有何不同。

实验26
植物叶片结构与生境适应性研究

植物生长在不同的生境，其形态结构常表现出不同的适应性变异。叶子作为重要的营养器官，具有蒸腾作用和光合作用两大生理功能，这两大生理功能随外界环境的影响变化尤为显著。水分和光照是影响叶片生长的两大重要因子。

一、实验目的与要求

（1）观察典型旱生植物、水生植物及中生植物的叶片结构，了解植物叶片适应环境中不同水分因子的结构特征。

（2）观察C_3和C_4植物的叶片结构，了解不同光合途径类型植物的适应性结构特征。

二、实验材料与用品

1. 实验材料

夹竹桃、马齿苋、大叶藻、黑松、玉米、小麦、麦冬等植物叶片。

2. 实验用品

显微镜、体视显微镜、质量体积百分比0.1%番红染液、K_2-KI染液、双面刀片、小刀、镊子、毛笔、培养皿、滴管、蒸馏水、载玻片、盖玻片、胡萝卜、吸水纸等。

三、实验内容及方法

1. 旱生植物

一般说来，在干旱环境中生活的植物，叶一般具有保持水分和防止蒸腾的明显特征。旱生植物适应干旱的机制通常有两类。一类旱生植物的适应机制是减少蒸腾，表现在叶小而硬，常多裂片，表皮细胞外壁增厚，角质层发达，气孔下陷，密生表皮毛，等等。另一类旱生植物是肉质植物，共同特征是叶肥厚多汁，叶肉薄壁组织发达，贮存大量水分。

取夹竹桃（*Nerium indicium*）、黑松（*Pinus thunbergii*）、马齿苋（*Portulaca oleracea*）叶片做横切面徒手切片，观察其表皮、气孔、叶肉组织（栅栏组织、海绵组织）、维管束等的结构特点（图26-1），分析其耐旱机制是属于减少蒸腾还是贮存水分。

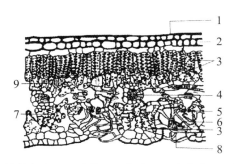

1. 角质层；2. 表皮；3. 栅栏组织；4. 叶脉；5. 气孔；6. 表皮毛；7. 海绵组织；8. 气孔窝；
9. 晶体。

图26-1　夹竹桃叶的横切面（引自张乃群等，2006）

2. 水生植物

水生植物部分或完全生活在水中，通常叶的细胞间隙发达，形成通气道。沉水植物表皮细胞壁一般较薄，角质膜薄或没有角质膜，也无气孔和表皮毛，叶肉组织不发达，层次少，无栅栏组织和海绵组织的分化，导管和机械组织也不发达。

大叶藻（*Zostera marina*）隶属于单子叶植物纲大叶藻科大叶藻属，是一种生活在浅海中的高等植物，生境为高盐、相对缺氧又频受海浪与潮汐干扰的环境。取大叶藻叶片，做徒手切片观察横切面，观察其表皮、叶肉组织和维管组织具有哪些适应水生环境的构造特点（图26-2）。

叶脉　　　气孔道　　　叶肉组织

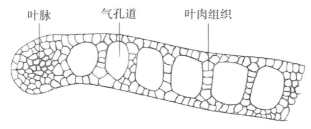

图26-2　大叶藻叶横切面结构图

3. C₃植物和C₄植物叶片结构的比较

将C₃植物小麦（*Triticium aestivum*）和C₄植物玉米（*Zea mays*）叶做徒手切片，制作横切面水封片，在显微镜下观察。重点观察维管束鞘的形态结构。

C₄植物的维管束鞘细胞为1层较大的薄壁细胞，内含较多体积较大的叶绿体，与周边的叶肉细胞排列紧密，形成"花环状"结构，相邻两个维管束之间的叶肉细胞通常少于4列。C₃植物的维管束鞘细胞为2层较小的细胞，内层为厚壁细胞，含叶绿体数少，相邻两个维管束之间的叶肉细胞通常较多。

将山麦冬（*Liriope spicata*）叶片做横切片徒手切片进行观察，判断其属于C₃植物还是C₄植物。

四、作业

根据观察结果完成下表。

表26-1　不同植物叶片结构比较

植物名称	叶形、大小	质地、厚度	表皮结构特点	叶肉结构特点	叶脉结构特点	C₃/C₄植物	生境特点
夹竹桃							
黑松							

植物名称	叶形、大小	质地、厚度	表皮结构特点	叶肉结构特点	叶脉结构特点	C_3/C_4植物	生境特点
大叶藻							
小麦							
玉米							
山麦冬							

五、思考题

（1）说明植物叶子对不同生活环境（水分、光照、盐度）等的适应性结构特点。

（2）比较C_3植物和C_4植物叶片的结构差别。

实验27
滨海植物种类调查与耐盐适应性结构研究

滨海地区由于受到海水侵蚀，土壤盐渍化较重，表层土含盐量常在0.3%～1.5%。生长在滨海盐碱土中的植物，往往具有不同程度的耐盐性，表现出不同的耐盐适应性形态结构。

耐盐植物根据其机理可分为以下三种类型：

（1）泌盐植物：又叫排盐植物。可通过盐腺或盐囊泡将吸收至体内的盐分分泌至体外，从而避免盐分对植物体的危害，如柽柳、滨藜、二色补血草、大米草等植物。

（2）稀盐植物：也叫真盐生植物，这类植物是在强盐渍化的土壤中生长的，主要是藜科植物，如盐角、碱蓬、猪毛菜、海蓬子等。它们的茎叶常肉质化，具有明显的旱生结构，在盐碱土壤中会吸收大量的盐分并累积到体内液泡以及老叶中，同时吸收大量水分来稀释体内盐分，并通过老叶或茎的脱落减轻盐分危害。这类植物通常可以对盐碱地土壤起到一定的改良作用。

（3）不透盐性植物：又叫拒盐植物。不透盐植物的根细胞对盐类透性非常小，不让外界盐分进入植物体内，或者仅进入根部后，贮存在皮层薄壁组织或木质部薄壁细胞的液泡中，不再向地上部分运输，一般生长在盐渍化程度比较轻的土壤中，如芦苇属、芨芨草属、盐地紫菀、碱菀、田菁和碱地毛风菊等。

一、实验目的与要求

（1）通过对滨海盐碱地植物种类的调查，初步掌握植物野外调查的基本方法，了解常见滨海植物的种类组成。

（2）通过观察了解滨海植物的耐盐适应性结构特点。

二、实验用品

（1）数码相机、采集袋、号码牌、枝剪、铁铲、卷尺、记录本、放大镜、解剖刀、镊子、盖玻片、载玻片、显微镜、体视显微镜等。

（2）《崂山植物志》《山东植物精要》《中国常见植物野外识别手册——山东卷》《中国高等植物图鉴》等。

三、实验内容及方法

1. 滨海植物调查样地设置原则

海岸带植物调查范围一般为自海岸带基准线和海岸线向陆1 km之内的区域。在青岛市市南区学校周边可选择八大关、小青岛等景区沿海区域。在此区域内选择一条路线走访，沿途对所见的滨海植物种类进行记录、拍照，记录其主要特征、分布位置、生境类型等。对于现场鉴别困难的物种，则用铁铲、枝剪等采集植物标本，带回实验室后，通过工具书进行鉴定。

表27-1　滨海植物调查记录表

序号	植物种类	拉丁学名	科	属	主要形态特征	分布地点	生境类型

2. 耐盐植物样本观察

采集具有代表性的耐盐植物样本，带回实验室。对茎、叶及根进行徒手切片，进行耐盐适应性结构的解剖观察。

观测指标包括：叶片外形、质地、厚度、表皮附属物、表皮细胞厚度、气孔数量、叶肉组织、茎半径、维管束直径等。

表27-2　耐盐植物结构特征记录表

		植物＿＿＿	植物＿＿＿	植物＿＿＿	植物＿＿＿
叶片	外形				
	质地				
	厚度				
	表皮附属物				
	表皮细胞厚度				
	气孔数量				
	叶肉组织				
茎	质地				
	半径				
	皮层				
	维管柱				
根	表皮				
	皮层				
	维管柱				

四、作业

查阅相关资料，将本次调查结果撰写成小论文，列出调查的耐盐植物名录。

五、思考题

滨海植物长期适应滨海生境，除了发展出耐盐性之外，还表现出哪些方面的适应性特征？

附录**1**
植物生物学实验相关试剂配制方法

一、染色液

（一）植物细胞壁染色剂

1. 质量体积百分比0.1%固绿-酒精溶液

最常用的纤维素细胞壁染液，属于酸性染液，能把纤维素细胞壁染成绿色。

取固绿0.1 g，溶于95%酒精中，定容至100 mL，即成0.1%固绿-酒精溶液。

2. 碘-氯化锌溶液

该染液能把纤维素细胞壁染成紫色，细胞质染成淡黄色，细胞核染成棕色。

氯化锌20 g、碘化钾6.5 g、碘1.5 g，蒸馏水加至100 mL。

先把氯化锌溶于少量蒸馏水中，再加入6.5 g碘化钾，在碘完全溶解后，用蒸馏水稀释到100 mL，即成碘-氯化锌溶液。

3. 碘-硫酸溶液

纤维素细胞壁染液，能把纤维素细胞壁染成黄色。

甲液：取1 g碘和1.5 g碘化钾，溶于蒸馏水中，定容至100 mL即成质量体积百分比1%碘液。

乙液：取7份硫酸和3份蒸馏水相混，即成66.5%硫酸溶液。

染色时，在材料上滴加甲液，再加一滴乙液，纤维素细胞壁就染成黄色。

4. 硫酸化苯胺染液

木质化细胞壁染液，能把木质化细胞壁染成鲜黄或姜黄色。

硫酸化苯胺（或盐酸化苯胺）1份、蒸馏水70份、95%酒精（市场商品，一般为体积百分比）30份、硫酸30份。

将上述各组分相混，将细胞材料放入混合液里染色，可使木质化细胞壁呈鲜黄或姜黄色。

5. 间苯三酚–酒精染液

木质化细胞壁染液，能把木质化细胞壁染成樱红色或紫红色。

取间苯三酚4～5 g，溶于100 mL 95%酒精中，即成间苯三酚–酒精染液。

先在材料上滴上1滴浓盐酸，然后滴上间苯三酚–酒精染液1滴，木质化的细胞壁就染上樱红或紫红色。

6. 1%番红溶液

木质化细胞壁染液，能将木质化细胞壁染成红色。

取1 g番红，溶于蒸馏水中，定容至100 mL即成1%番红溶液，可将木质化细胞壁染成红色。

1%番红溶液常与0.1%固绿–酒精溶液配合进行植物组织切片双染色，可以清晰区分出绿色的纤维素初生壁和红色的木质化次生壁。

（二）细胞质染色剂

1. 华越洋伊红染液

取1 g伊红，溶于90 mL蒸馏水，加入苦味酸饱和水溶液10 mL。

该染液能将细胞质染成粉红色或红色，细胞核染成蓝色，对比突出。

2. 甲基蓝染液

取1 g甲基蓝，溶于29 mL体积分数70%酒精中，加入蒸馏水，定容至100 mL即成质量体积百分比1%甲基蓝染液。

3. 亮绿染液

取0.5 g亮绿，溶解在蒸馏水中，定容至100 mL即成质量体积百分比0.5%亮绿溶液。

（三）细胞核染色剂

1. 甲基绿染液

取1 g甲基绿，溶于99 mL蒸馏水中，加入冰醋酸定容至100 mL。该染液能染细胞核，还可用来染木质化细胞壁。

2. 龙胆紫-醋酸染液

取1 g龙胆紫，溶于少量体积分数2%醋酸溶液中。加2%醋酸溶液，直到溶液不呈深紫色为止。

3. 美蓝（亚甲基蓝）染液

取0.5 g美蓝，溶于30 mL体积分数95%酒精中，加100 mL质量分数0.01%氢氧化钾溶液，保存在棕色瓶内。

此溶液能染细胞核。

4. 硼砂-洋红染液

取4 g硼砂，溶于96 mL蒸馏水中。再加入2 g洋红，加热溶解后煮沸30 min，静置3 d，用100 mL体积分数70%酒精冲淡，放置24 h后过滤。

此染液能染细胞核，还用来染糊粉粒和一般动物、植物的整体染色。

5. 德氏（Delafield's）苏木精染液

甲液：取1 g苏木精，溶于6 mL无水酒精中，即成苏木精-酒精溶液。

乙液：取10 g铵矾溶于蒸馏水中，定容至100 mL即成质量体积百分比10%铵矾水溶液。

取甲液逐滴加入到乙液中，用纸遮盖，放在阳光明亮处，使它充分氧化。3～4 d后将溶液过滤，在滤液中加入25 mL甘油和25 mL甲醇，保存在密闭玻璃瓶内。静置1～2个月，待该液颜色变深时过滤，可长久保存。

该染液是染色体的优良染色剂，除能染细胞核外，还用来染纤维素、细胞壁和动植物组织。

6. 席夫（Schiff's）试剂

称取0.5 g碱性品红，加到100 mL煮沸的蒸馏水中，再微微加热5 min，不断搅拌，使它溶解。在溶液冷却到50 ℃时过滤，滤液中加入10 mL 1 mol/L盐酸。冷却到25 ℃时，加入0.5 g偏重亚硫酸钠或无水亚硫酸氢钠。把溶液装入棕色试剂瓶内，摇荡后，塞紧瓶塞，放在黑暗中24 h。在溶液颜色退到淡黄色时，加入0.5 g活性炭，用力摇荡1 min，过滤后把滤液贮存在棕色试剂瓶内，塞紧瓶塞，滤液应该是无色的。在使用时勿让溶液长时间暴露在空气中

和见光（瓶外用黑纸或暗盒遮光）。如溶液变成红色，即失去染色能力。

碱性品红是较强的核染色剂，在孚尔根氏（Feulgen's）反应中作为组织化学试剂，以检查DNA。

（四）染色体染色剂

1. 醋酸-洋红染液

取45 mL冰醋酸，加蒸馏水55 mL，煮沸后徐徐加入1 g洋红，搅拌均匀后加入1颗铁锈钉，煮沸10 min，冷却后过滤，贮存在棕色瓶内。

2. 醋酸-地衣红染液

取45 mL醋酸，与55 mL蒸馏水相混，加热，徐徐加入地衣红粉末1～2 g，搅拌溶解后，缓缓煮沸2 h。冷却后过滤，贮存在棕色瓶里。

3. 龙胆紫-蒸馏水染液

取1 g龙胆紫，用少量蒸馏水溶解后，加蒸馏水，稀释到100 mL，保存在棕色瓶内。

4. 甲苯胺蓝染液

取0.5 g甲苯胺蓝，溶解在蒸馏水中，定容至100 mL即成质量体积百分比0.5%甲苯胺蓝水溶液。

（五）脂肪染色剂

0.5%苏丹Ⅲ染液

取0.1 g苏丹Ⅲ，溶于95%酒精中，定容至20 mL即成质量体积百分比0.5%苏丹Ⅲ染液。

该染液能染脂肪，还能染木栓、角质层。

（六）活体染色剂

中性红染液：先配成1%中性红水溶液（1 g中性红溶于蒸馏水定容至100 mL中）。取这种溶液1 mL，用0.6%生理盐水（或蒸馏水）稀释到50 mL，即成质量体积百分比0.02%中性红水溶液。贮存在棕色瓶里，放在黑暗处。

本染液用来显示动植物组织中活细胞的内含物。

（七）蛋白质、淀粉染色液

1%的碘-碘化钾（I_2-KI）染液：先取3 g碘化钾溶于100 mL蒸馏水中，加入1 g碘即成1%碘液。

该染液能将蛋白质染成黄色；若用于淀粉的鉴定，需要稀释3～5倍；若用于观察淀粉粒上的轮纹，需稀释100倍以上。

（八）细胞胞间层染色液

钌红染液：取5～10 mg 钌红溶于25～50 mL蒸馏水中即可。钌红染液不易保存，需现配现用。

该染液是细胞胞间层的专性染料。

二、 固定液

1. 福尔马林

福尔马林在固定组织标本时杀菌能力强、防腐性强、渗透力大、固定得快。用福尔马林固定精细的解剖标本时，要跟甘油、酒精、苯酚等混合使用。

固定液常用的浓度是5%～10%（根据材料的大小、性质和数量而定）。

保存液常用的浓度是5%～10%。用福尔马林作保存液，效果好且价格低廉。

在配制福尔马林溶液（固定液或保存液）时，应将37%～40%质量体积百分比的甲醛作为整个溶质来配。例如配制5%福尔马林时，取市售37%～40%甲醛溶液5 mL与95 mL蒸馏水混合。实际上甲醛含量只有1.9%～2%。这样的配法已成为一般实验室的惯例。

注意事项：

（1）福尔马林液在长期贮存过程中会产生甲酸，可适量加入碳酸钙或碳酸镁等碱性物质进行中和。

（2）福尔马林液作为保存液会慢慢挥发而致使浓度降低，并且福尔马林液在保存过程中往往形成多聚甲醛，使溶液变浊，影响观察。所以，根据一定保存期的情况，可适当增加福尔马林液的浓度或更换新液，以防标本变坏。其中如有白色沉淀物，加热后可使它溶解。

2. 酒精（乙醇）

酒精也是常用的固定液，它有强烈的杀菌作用，对组织材料的渗透力

较大，固定较快。但是，它的脱水作用较强，在高浓度的酒精中容易使材料显著硬化和收缩。一般用于固定浸制标本材料，分一级或二级固定，即70%或50%与70%体积百分比的酒精。有些小型材料或精细的解剖材料，最好用二级或三级固定，即用50%、70%或50%、60%、70%的酒精，最后再进行保存。从经济效果来考虑，一般酒精应跟福尔马林液等固定液混合使用。

市售的工业用酒精浓度是95%左右，因此用时要重新配制。保存液的浓度通常是70%。

注意事项：

（1）在固定材料时要注意固定的效果。小型材料一般放在固定液中固定。大型材料必须先往体内注射一部分固定液，再放入固定液中，防止材料内部腐坏变质。用福尔马林液固定也是如此。

（2）高浓度的酒精有脱水、脱脂作用。含有多量脂肪的标本不宜用较高浓度的酒精作保存液。

（3）为了防止酒精使标本硬化，保存一些精细的材料或解剖标本时，可加入少量甘油，因为甘油具有润软组织的作用。

（4）忌跟铬酸、锇酸和重铬酸钾等氧化剂配合。

3. 醋酸

醋酸即乙酸。纯醋酸在低于16.7 ℃时会凝成冰状固体，所以叫冰醋酸。醋酸能很快穿透组织，因为它不能沉淀细胞质中的蛋白质，组织不会硬化。一般常跟酒精、福尔马林、铬酸等容易引起组织变硬和收缩的液体混合，以起到相互抵消的作用。

醋酸固定液的常用浓度是0.3%～5%。

4. 升汞

升汞又叫氯化汞，是白色粉末，以针状结晶为最纯。通常固定时用饱和水溶液，有时也用体积分数70%酒精作溶剂，不单独用作固定剂。升汞的穿透力较弱，通常用于小型材料，对蛋白质有强烈的沉淀作用，硬化程度中等。

固定液用饱和溶液，浓度约为7%。

5. 卡诺氏（Carnoy's）液

这种固定液能固定细胞质和细胞核，尤其适宜于固定染色体，所以多用于细胞学的制片，是研究植物细胞分裂和染色的优良固定液。这种固定液穿透得快，一般小块组织固定20～40 min，大型材料不超过3～4 h。固定后用95%或纯酒精洗涤，换液两次，移到石蜡中或用体积分数70%～80%酒精保存。

配方一：纯酒精6份、冰醋酸1份、氯仿3份。

配方二：纯酒精3份、冰醋酸1份。

6. 吉尔桑氏（Gilson's）液

这是常用的固定液，适用于肉质菌类，特别是柔软胶质状的材料如木耳等的固定。固定时间18～20 h，然后用体积分数50%酒精冲洗材料，除去升汞。如果用水冲洗，会使材料膨胀。混合液保存24 h后失效。

配方：体积分数60%酒精50 mL、冰醋酸2 mL、80%硝酸7.5 mL、升汞10 g、蒸馏水440 mL。

7. 福尔马林–醋酸–酒精溶液（FAA）液

这种固定液适用于固定一般植物茎、叶组织。叶组织在该溶液中固定12 h，木质化组织要固定1周，材料也可在此液中长期保存。固定后的材料放在体积分数50%酒精中冲洗1～2次。

配方：50%酒精85 mL、福尔马林10 mL、冰醋酸5 mL。

8. 福尔马林–丙酸–酒精溶液（FPA）液

这种固定液适用于固定一般植物茎、叶组织。固定效果优于FAA固定液。一般固定24 h，材料可在此液中长期保存。固定后的材料放在体积分数50%酒精中冲洗1～2次。

配方：体积分数50%酒精85 mL、福尔马林10 mL、冰醋酸5 mL。

9. 包因氏（Bouin's）液

这是常用的良好固定剂，渗透迅速，固定均匀，组织收缩少，染色后能显示一般的微细结构。植物组织的根尖和胚囊可用它来固定。一般将植物组织固定24～48 h后，用体积分数20%酒精冲洗几次。

配方：苦味酸饱和水溶液75 mL、冰醋酸5 mL、福尔马林25 mL。

10. **绍丁氏（Schaudinn's）液**

这种固定液适用于固定有鞭毛的植物精子和游动孢子等。材料如制作涂布装片，可在40 ℃下固定10～20 min。

配方：

甲液：升汞饱和水溶液66 mL、体积分数95%酒精33 mL。

乙液：冰醋酸1 mL。

甲、乙液要在临用前混合。

11. **纳瓦兴氏（Nawaschin's）液**

高等植物有丝分裂材料适宜在这种固定液里固定或长期保存。

配方：

甲液：铬酸1.5 g、冰醋酸10 mL、蒸馏水定容至100 mL。

乙液：福尔马林40 mL、加蒸馏水定容至100 mL。

临用前将等量甲、乙液混合。

12. **绿色标本保存液**

配方一：

硫酸铜5 g、水95 mL。

这种保存液适用于绿色植物和一切植物绿色部分的保存。植物放入硫酸铜液后，由绿变黄，再由黄变绿。这时取出材料，用清水漂洗干净，浸在体积分数5%福尔马林液内长期保存。

配方二：

硫酸铜0.2 g、95%酒精50 mL、福尔马林10 mL、冰醋酸5 mL、水35 mL。

先把硫酸铜溶于水中，然后加入配方中的其他组分。绿色标本能长期贮存在该液中。

配方三：

醋酸铜15～30 g、溶于体积分数50%醋酸定容至100 mL。

在50%醋酸中逐渐加入醋酸铜，直到饱和。用时取原液1份，加水4份，即成稀释的硫酸铜溶液。

这种保存液适用于表面有蜡质或硅质、质地较硬的绿色植物保色。加热稀释的醋酸铜溶液，放入植物，轻轻翻动，到植物由绿转黄再转绿色时取出植物，用清水漂洗后，浸入体积分数5%福尔马林液内保存。

13. 红色标本保存液

配方一：

甲液：硼酸3 g、福尔马林4 mL、水400 mL。

乙液：亚硫酸2 mL、硼酸10 g、水488 mL。

把红色的果实浸在甲液里1～3 d，等果实由红色转深棕色时取出，移到乙液里保存，同时在果实内注入少量乙液。

配方二：

氯化锌2份、福尔马林1份、甘油1份、水40份。

先把氯化锌溶解在水里，然后加入配方中的其他组分。溶液如果混浊而有沉淀，应过滤后使用。红色果实能在此液中保存。

14. 黄色标本保存液

配方一：

甲液：硫酸铜5 g、水95 mL。

乙液：质量体积百分比6%亚硫酸30 mL、甘油30 mL、体积分数95%酒精30 mL、水900 mL。

先把植物标本在甲液中浸1～2 d，取出洗净后，浸入乙液中保存，同时在果实内注入少量乙液。

配方二：

质量体积百分比6%亚硫酸568 mL、体积分数80%酒精568 mL、水450 mL。

植物材料能在这种保存液中长期保存。

15. 紫色标本保存液

配方一：

体积分数95%酒精20 mL、福尔马林20 mL、水60 mL。

使用时，取1份原液加9份水稀释，将植物材料浸在该溶液中保存。

配方二：

食盐饱和水溶液30 mL、水175 mL、福尔马林20 mL、甘油少量。

植物材料能在该溶液中保存。

16. 白色标本保存液

配方一：

甲液：5%硫酸铜溶液；乙液：质量体积百分比1%～4%亚硫酸溶液。

全白色植物材料能浸在乙液中保存。杂有绿色的白色植物材料先浸在甲液内1～3 d，用清水漂洗后浸在乙液中保存。

配方二：

氯化锌32 g、95%酒精125 mL、水1 000 mL。

把氯化锌溶于水中，再加入酒精。植物材料能在该溶液中保存。

三、消毒液

1. 酒精

体积百分比70%的酒精杀菌力最强，它能使蛋白质脱水和变性，在3～5 min内杀死细菌。因此，它用于消毒和防腐，适用于皮肤和器械、塑料制品等的消毒。高浓度（95%～100%）的酒精能引起菌体表层蛋白质凝固，形成保护层，使酒精分子不易透入，因此杀菌能力反而弱。

2. 碘酒

碘酒是碘和碘化钾的酒精溶液。2%的碘酒在10 min内能杀死细菌和芽孢，可用于皮肤的消毒。药房出售的一般是2%的稀碘酒。实验室内也可自配碘酒。

配方为：碘化钾25 g、碘3.5 g、95%酒精90 mL、加蒸馏水定容至100 mL。

先取碘化钾溶液在2 mL蒸馏水中，再加入碘，搅拌后加入酒精，待碘充分溶解后，补足蒸馏水，即成碘酒。

3. 高锰酸钾

高锰酸钾是强氧化剂，有很强的杀菌作用。质量体积百分比0.1%水溶液用作皮肤消毒，质量体积百分比2%～5%水溶液能在24 h内杀死细菌芽孢。该溶液在空气中会分解，失去氧化能力，要现用现配。

4. 苯酚（石炭酸）

苯酚是有效的常用杀菌剂，1%水溶液能杀死大多数的菌体，通常用3%~5%水溶液作接种室喷雾消毒或器皿的消毒，5%以上溶液对皮肤有刺激性。在生物制品中，加入0.5%苯酚可作防腐剂。

5. 来苏尔

来苏尔即煤酚皂溶液。它的杀菌效力比苯酚强4倍，通常以体积百分比1%~2%溶液用于手的消毒（浸泡2 min）和无菌室内喷雾消毒，5%溶液多用于各种器械和器皿的消毒。

6. 新洁尔灭

新洁尔灭是常用的消毒剂，主要用于皮肤、器械器皿、接种室空气等的消毒灭菌，对许多非芽孢型病原菌、革兰氏阳性菌和阴性菌经几分钟接触即灭菌，尤其对革兰氏阳性菌杀菌力更大。本品原液的浓度是5%，通常用0.1%~0.25%水溶液。用新洁尔灭消毒金属器械时，要在1 L溶液中加入5 g亚硝酸钠，以防生锈。

7. 福尔马林

福尔马林是常用的杀细菌、杀真菌剂。它的体积百分比2%~5%水溶液能在24 h内杀死细菌芽孢，常用来消毒器皿和器具。如果用作无菌室等房屋消毒，取100 mL福尔马林，放在盆内，用小火微热，促使蒸发，在10 h内可消菌3 m³左右体积房屋的空气。

8. 次氯酸钠

取30 mL次氯酸钠溶液，用蒸馏水定容至100 mL。现配现用。

9. 质量体积百分比0.2%的升汞溶液

称取$HgCl_2$ 20 g，加蒸馏水至4 000 mL。

四、缓冲液

1. 1 mol/L盐酸

取8.25 mL的浓盐酸，加蒸馏水定容至100 mL。

2. 1 mol/L NaOH

称8 g NaOH，用蒸馏水定容至200 mL。

3. 50 mmol/L的磷酸钠缓冲液（pH 7.0）

A液：$NaH_2PO_4 \cdot 2H_2O$ 3.12 g溶于蒸馏水，定容至100 mL。

B液：$Na_2HPO_4 \cdot 12H_2O$ 7.17 g溶于蒸馏水，定容至100 mL。

取A液39 mL与B液61 mL混合，定容至400 mL。pH 7.0。

4. 50 mmol/L的磷酸钠缓冲液（pH 7.8）

取A液8.5 mL与B 液91.5 mL混合，定容至400 mL。pH 7.8。

5. 0.02%的硼酸溶液

0.1 g硼酸溶解于蒸馏水中，定容至500 mL。

6. 质量体积百分比10%的蔗糖溶液

10 g蔗糖用80 mL的蒸馏水溶解，最后用蒸馏水定容至100 mL。

五、培养液

1. 人造海水

配方一：

氯化钠24.72 g、氯化钾0.67 g、氯化钙1.36 g、氯化镁4.66 g、硫酸镁6.29 g、碳酸氢钠0.18 g，蒸馏水加到1升。

把上述前5种盐溶解在少量蒸馏水中，再加入碳酸氢钠，最后用蒸馏水稀释到1 000 mL。

配方二：

氯化钠28 g、氯化镁5 g、氯化钾0.8 g、氯化钙1.2 g，加蒸馏水至总重量为1 000 g，盐类溶解后使用。

2. 诺普氏（Knop's）溶液

配方：硝酸钾1 g、硫酸镁1 g、磷酸二氢钾1 g、硝酸钙3 g。

先把硝酸钾、硫酸镁、磷酸二氢钾用少量蒸馏水溶解，加蒸馏水到980 mL。随后取硝酸钙，用20 mL蒸馏水溶解，加入到上述溶液内。溶液会形成白色沉淀，使用时必须摇动。

以上溶液中加入蔗糖溶液（质量体积百分比1%～4%），能刺激某些藻类形成游动孢子。该液用于培养绿藻。

3. 植物无土培养液

配方：霍格伦德（Hoagland）和斯纳德（Snyder）液。

硝酸钙0.821 g、硝酸钾0.506 g、磷酸二氢钾0.136 g、硫酸镁0.120 g、酒石酸铁0.005 g。

把上述盐类溶解在少量蒸馏水里，然后稀释到1 000 mL。

4. f/2培养基

配方：

常量元素：硝酸钠37.4 g、磷酸二氢钠2.2 g、硅酸钠（9个结晶水）10 g、硫酸锌（7个结晶水）14.165 mg、氯化锰（4个结晶水）89 mg、硫酸铜（5个结晶水）5 mg、纯水稀释至1 000 mL。

微量元素：钼酸钠（2个结晶水）3.65 mg、氯化钴（6个结晶水）6 mg、柠檬酸铁（5个结晶水）1.95 g、乙二胺四乙酸二钠盐2.175 g、纯水稀释至1 000 mL。

维生素：维生素B_{12} 0.5 mg、维生素B_1 0.1 g、维生素H（生物素）0.5 mg、纯水稀释至1 000 mL。

维生素不可灭菌。配制过程中，纯水需经过0.22 μm滤膜过滤后方可加入相应微量元素。

使用时每1 000 mL海水中各加入上述母液1 mL。

六、清洁液

1. 显微镜镜头清洗液

用7份乙醚和3份无水乙醇混合配成，装入滴瓶中备用，用于擦拭显微镜镜头的油渍和污垢，注意瓶口要塞紧，防止挥发。

2. 强力洗液

取重铬酸钾10～20 g溶于120 mL纯水中，加热溶解，冷却后加入浓硫酸80 mL（每次5～10 mL逐步缓缓注入，防止局部高热引起玻璃爆裂）。配好后

放入带盖玻璃缸中，将盖盖严，可反复使用，直至洗液变成黑绿色。该液腐蚀性极强，防止沾染皮肤和衣物。

七、离析液

1. 植物茎细胞分离液

杰弗里氏（Jeffrey's）液：取等量的质量体积百分比10%铬酸溶液和质量体积百分比10%硝酸溶液混合，成铬酸–硝酸溶液。这种溶液用来分离木本植物茎部的导管、管胞、筛管、伴胞和韧皮纤维等。

把材料切成小块放入水中，加热煮沸，冷却后再加热煮沸。这样重复几次，到材料全部沉于水底后，投入分离液内，分离时间是24～48 h。

2. 植物根尖细胞、薄壁组织分离液

配方一：盐酸–酒精溶液。

在1份体积百分比95%酒精中缓缓加入1份浓盐酸，即成盐酸–酒精溶液，装瓶密闭保存。

把植物根尖部位截下一小段，投入以上溶液中分离。

配方二：4%盐酸溶液。

截下植物根尖部位，投入盛有体积百分比4%盐酸溶液的小烧杯内，在60 ℃温水中隔水温热1～2 min，使根尖软而不酥，这时分离效果最好。

配方三：盐酸–草酸铵离析液。

甲液：体积百分比70%或90%乙醇3份，浓盐酸1份。

乙液：质量体积百分比0.5%草酸铵水溶液。

离析时，将材料在甲液中浸泡处理1～2 d，洗去酸后再转入乙液离析处理。用于草本植物的髓、薄壁组织和叶肉组织的解离。

3. 植物纤维分离液

取10 g氢氧化钠（或氢氧化钾），溶解在水里，定容至100 mL制成质量体积百分比10%氢氧化钠（或氢氧化钾）溶液，放在瓶里密闭保存。

把植物茎纵切成细条，剪成小段后，投入分离液内。

4.植物细胞质壁分离液

配方一：30%蔗糖溶液。

取30 g蔗糖，溶解在蒸馏水里，定容至100 mL装瓶备用。

配方二：5%氯化钠溶液。

取5 g食盐，溶解在蒸馏水里，定容至100 mL装瓶备用。

配方三：5%硝酸钾溶液。

取5 g硝酸钾，溶解在蒸馏水里，定容至100 mL装瓶备用。

附录**2**
中国外来入侵植物名录

外来入侵植物是指非本地的（中国境外的，原产地不在中国的），通过不同的途径传播进入中国，能在自然状态下获得生长和繁殖，并在农业、林业、湿地、草原、淡水、海洋等不同生态系统中带来危害与威胁的有害植物。中国在2003年1月、2010年1月、2014年8月和2016年12月先后发布了四批外来入侵物种名单。2020中国生态环境状况公报显示，全国已发现660多种外来入侵物种。其中，71种对自然生态系统已造成或具有潜在威胁。

外来物种入侵对中国的生态环境造成了极大的危害。按照《林业和草原主要灾害种类及其分级》规定，将外来物种入侵的危害划分为4级。

1级（恶性入侵）：在国家层面对森林、草原、湿地及野生动植物资源及其环境造成巨大损失与严重影响，入侵范围在1个以上省。

2级（严重入侵）：在国家层面对森林、草原、湿地及野生动植物资源及其环境造成较大损失或明显影响，入侵范围在1个以上省。

3级（局部入侵）：没有造成国家层面的大规模危害，在1个及以上省分布并造成局部危害。

4级（一般入侵）：危害不大或不明显，并且难以形成新的入侵发展趋势。

目前，中国外来入侵物种信息系统（https://www.plantplus.cn/ias/）收录了外来入侵植物521种。包括1级（恶意入侵）38种（表F2-1）、2级（严重入侵）49种（表F2-2）、3级（局部入侵）69种（表F2-3）、4级（一般入侵）61种（表F2-4）和有待观察304种。其中被子植物519种，蕨类植物2种。

表F2-1 中国1级（恶性入侵）植物名录

中文名	拉丁名	科名	大类	保护等级
大藻	*Pistia stratiotes*	天南星科	被子植物	1级（恶意入侵）
凤眼蓝	*Eichhornia crassipes*	雨久花科	被子植物	1级（恶意入侵）
毒麦	*Lolium temulentum*	禾本科	被子植物	1级（恶意入侵）
互花米草	*Spartina alterniflora*	禾本科	被子植物	1级（恶意入侵）
石茅	*Sorghum halepense*	禾本科	被子植物	1级（恶意入侵）
光荚含羞草	*Mimosa bimucronata*	豆科	被子植物	1级（恶意入侵）
土荆芥	*Dysphania ambrosioides*	苋科	被子植物	1级（恶意入侵）
青葙	*Celosia argentea*	苋科	被子植物	1级（恶意入侵）
长芒苋	*Amaranthus palmeri*	苋科	被子植物	1级（恶意入侵）
反枝苋	*Amaranthus retroflexus*	苋科	被子植物	1级（恶意入侵）
刺苋	*Amaranthus spinosus*	苋科	被子植物	1级（恶意入侵）
喜旱莲子草	*Alternanthera philoxeroides*	苋科	被子植物	1级（恶意入侵）
垂序商陆	*Phytolacca americana*	商陆科	被子植物	1级（恶意入侵）
落葵薯	*Anredera cordifolia*	落葵科	被子植物	1级（恶意入侵）
阔叶丰花草	*Spermacoce alata*	茜草科	被子植物	1级（恶意入侵）
五爪金龙	*Ipomoea cairica*	旋花科	被子植物	1级（恶意入侵）
圆叶牵牛	*Ipomoea purpurea*	旋花科	被子植物	1级（恶意入侵）
三裂叶薯	*Ipomoea triloba*	旋花科	被子植物	1级（恶意入侵）
刺萼龙葵	*Solanum rostratum*	茄科	被子植物	1级（恶意入侵）
马缨丹	*Lantana camara*	马鞭草科	被子植物	1级（恶意入侵）
一年蓬	*Erigeron annuus*	菊科	被子植物	1级（恶意入侵）
小蓬草	*Erigeron canadensis*	菊科	被子植物	1级（恶意入侵）
苏门白酒草	*Erigeron sumatrensis*	菊科	被子植物	1级（恶意入侵）

续表

中文名	拉丁名	科名	大类	保护等级
加拿大一枝黄花	*Solidago canadensis*	菊科	被子植物	1级（恶意入侵）
钻叶紫菀	*Symphyotrichum subulatum*	菊科	被子植物	1级（恶意入侵）
大狼杷草	*Bidens frondosa*	菊科	被子植物	1级（恶意入侵）
白花鬼针草	*Bidens alba*	菊科	被子植物	1级（恶意入侵）
鬼针草	*Bidens pilosa*	菊科	被子植物	1级（恶意入侵）
黄顶菊	*Flaveria bidentis*	菊科	被子植物	1级（恶意入侵）
豚草	*Ambrosia artemisiifolia*	菊科	被子植物	1级（恶意入侵）
三裂叶豚草	*Ambrosia trifida*	菊科	被子植物	1级（恶意入侵）
银胶菊	*Parthenium hysterophorus*	菊科	被子植物	1级（恶意入侵）
肿柄菊	*Tithonia diversifolia*	菊科	被子植物	1级（恶意入侵）
破坏草	*Ageratina adenophora*	菊科	被子植物	1级（恶意入侵）
微甘菊	*Mikania micrantha*	菊科	被子植物	1级（恶意入侵）
藿香蓟	*Ageratum conyzoides*	菊科	被子植物	1级（恶意入侵）
飞机草	*Chromolaena odorata*	菊科	被子植物	1级（恶意入侵）
假臭草	*Praxelis clematidea*	菊科	被子植物	1级（恶意入侵）

表F2-2　中国2级（严重入侵）植物名录

中文名	拉丁名	科名	大类	保护等级
扁穗雀麦	*Bromus catharticus*	禾本科	被子植物	2级（严重入侵）
山羊草	*Aegilops tauschii*	禾本科	被子植物	2级（严重入侵）
野燕麦	*Avena fatua*	禾本科	被子植物	2级（严重入侵）
大米草	*Spartina anglica*	禾本科	被子植物	2级（严重入侵）
蒺藜草	*Cenchrus echinatus*	禾本科	被子植物	2级（严重入侵）

续表

中文名	拉丁名	科名	大类	保护等级
光梗蒺藜草	*Cenchrus incertus*	禾本科	被子植物	2级（严重入侵）
巴拉草	*Brachiaria mutica*	禾本科	被子植物	2级（严重入侵）
铺地黍	*Panicum repens*	禾本科	被子植物	2级（严重入侵）
银合欢	*Leucaena leucocephala*	豆科	被子植物	2级（严重入侵）
巴西含羞草	*Mimosa diplotricha*	豆科	被子植物	2级（严重入侵）
无刺巴西含羞草	*Mimosa diplotricha var. inermis*	豆科	被子植物	2级（严重入侵）
含羞草	*Mimosa pudica*	豆科	被子植物	2级（严重入侵）
白车轴草	*Trifolium repens*	豆科	被子植物	2级（严重入侵）
刺果瓜	*Sicyos angulatus*	葫芦科	被子植物	2级（严重入侵）
蓖麻	*Ricinus communis*	大戟科	被子植物	2级（严重入侵）
白苞猩猩草	*Euphorbia heterophylla*	大戟科	被子植物	2级（严重入侵）
飞扬草	*Euphorbia hirta*	大戟科	被子植物	2级（严重入侵）
野老鹳草	*Geranium carolinianum*	牻牛儿苗科	被子植物	2级（严重入侵）
香膏萼距花	*Cuphea carthagenensis*	千屈菜科	被子植物	2级（严重入侵）
月见草	*Oenothera biennis*	柳叶菜科	被子植物	2级（严重入侵）
小花山桃草	*Gaura parviflora*	柳叶菜科	被子植物	2级（严重入侵）
赛葵	*Malvastrum coromandelianum*	锦葵科	被子植物	2级（严重入侵）
北美独行菜	*Lepidium virginicum*	十字花科	被子植物	2级（严重入侵）
杂配藜	*Chenopodium hybridum*	苋科	被子植物	2级（严重入侵）
凹头苋	*Amaranthus blitum*	苋科	被子植物	2级（严重入侵）
绿穗苋	*Amaranthus hybridus*	苋科	被子植物	2级（严重入侵）
皱果苋	*Amaranthus viridis*	苋科	被子植物	2级（严重入侵）

续表

中文名	拉丁名	科名	大类	保护等级
仙人掌	*Opuntia dillenii*	仙人掌科	被子植物	2级（严重入侵）
梨果仙人掌	*Opuntia ficus-indica*	仙人掌科	被子植物	2级（严重入侵）
单刺仙人掌	*Opuntia monacantha*	仙人掌科	被子植物	2级（严重入侵）
牵牛	*Ipomoea nil*	旋花科	被子植物	2级（严重入侵）
毛曼陀罗	*Datura innoxia*	茄科	被子植物	2级（严重入侵）
曼陀罗	*Datura stramonium*	茄科	被子植物	2级（严重入侵）
喀西茄	*Solanum aculeatissimum*	茄科	被子植物	2级（严重入侵）
假烟叶树	*Solanum erianthum*	茄科	被子植物	2级（严重入侵）
水茄	*Solanum torvum*	茄科	被子植物	2级（严重入侵）
野甘草	*Scoparia dulcis*	车前科	被子植物	2级（严重入侵）
阿拉伯婆婆纳	*Veronica persica*	车前科	被子植物	2级（严重入侵）
野茼蒿	*Crassocephalum crepidioides*	菊科	被子植物	2级（严重入侵）
香丝草	*Erigeron bonariensis*	菊科	被子植物	2级（严重入侵）
刺苍耳	*Xanthium spinosum*	菊科	被子植物	2级（严重入侵）
意大利苍耳	*Xanthium italicum*	菊科	被子植物	2级（严重入侵）
金腰箭	*Synedrella nodiflora*	菊科	被子植物	2级（严重入侵）
南美蟛蜞菊	*Sphagneticola trilobata*	菊科	被子植物	2级（严重入侵）
羽芒菊	*Tridax procumbens*	菊科	被子植物	2级（严重入侵）
牛膝菊	*Galinsoga parviflora*	菊科	被子植物	2级（严重入侵）
粗毛牛膝菊	*Galinsoga quadriradiata*	菊科	被子植物	2级（严重入侵）
南美天胡荽	*Hydrocotyle verticillata*	五加科	被子植物	2级（严重入侵）
野胡萝卜	*Daucus carota*	伞形科	被子植物	2级（严重入侵）

表F2-3　中国3级（局部入侵）植物名录

中文名	拉丁名	科名	大类	保护等级
细叶满江红	*Azolla filiculoides*	槐叶科	蕨类植物	3级（局部入侵）
竹节水松	*Cabomba caroliniana*	莼菜科	被子植物	3级（局部入侵）
铺地狼尾草	*Pennisetum clandestinum*	禾本科	被子植物	3级（局部入侵）
象草	*Pennisetum purpureum*	禾本科	被子植物	3级（局部入侵）
红毛草	*Melinis repens*	禾本科	被子植物	3级（局部入侵）
大黍	*Panicum maximum*	禾本科	被子植物	3级（局部入侵）
双穗雀稗	*Paspalum distichum*	禾本科	被子植物	3级（局部入侵）
丝毛雀稗	*Paspalum urvillei*	禾本科	被子植物	3级（局部入侵）
刺果毛茛	*Ranunculus muricatus*	毛茛科	被子植物	3级（局部入侵）
粉绿狐尾藻	*Myriophyllum aquaticum*	小二仙草科	被子植物	3级（局部入侵）
钝叶决明	*Senna tora* var. *obtusifolia*	豆科	被子植物	3级（局部入侵）
山扁豆	*Chamaecrista mimosoides*	豆科	被子植物	3级（局部入侵）
刺轴含羞草	*Mimosa pigra*	豆科	被子植物	3级（局部入侵）
黑荆	*Acacia mearnsii*	豆科	被子植物	3级（局部入侵）
野青树	*Indigofera suffruticosa*	豆科	被子植物	3级（局部入侵）
南美山蚂蝗	*Desmodium tortuosum*	豆科	被子植物	3级（局部入侵）
毛蔓豆	*Calopogonium mucunoides*	豆科	被子植物	3级（局部入侵）
猩猩草	*Euphorbia cyathophora*	大戟科	被子植物	3级（局部入侵）
齿裂大戟	*Euphorbia dentata*	大戟科	被子植物	3级（局部入侵）
通奶草	*Euphorbia hypericifolia*	大戟科	被子植物	3级（局部入侵）
美洲地锦草	*Euphorbia nutans*	大戟科	被子植物	3级（局部入侵）
南欧大戟	*Euphorbia peplus*	大戟科	被子植物	3级（局部入侵）
苦味叶下珠	*Phyllanthus amarus*	叶下珠科	被子植物	3级（局部入侵）

中文名	拉丁名	科名	大类	保护等级
珠子草	*Phyllanthus niruri*	叶下珠科	被子植物	3级（局部入侵）
龙珠果	*Passiflora foetida*	西番莲科	被子植物	3级（局部入侵）
细柱西番莲	*Passiflora suberosa*	西番莲科	被子植物	3级（局部入侵）
裂叶月见草	*Oenothera laciniata*	柳叶菜科	被子植物	3级（局部入侵）
蛇婆子	*Waltheria indica*	锦葵科	被子植物	3级（局部入侵）
苘麻	*Abutilon theophrasti*	锦葵科	被子植物	3级（局部入侵）
皱子白花菜	*Cleome rutidosperma*	白花菜科	被子植物	3级（局部入侵）
两栖蔊菜	*Rorippa amphibia*	十字花科	被子植物	3级（局部入侵）
铺地藜	*Chenopodium pumilio*	苋科	被子植物	3级（局部入侵）
白苋	*Amaranthus albus*	苋科	被子植物	3级（局部入侵）
老鸦谷	*Amaranthus cruentus*	苋科	被子植物	3级（局部入侵）
假刺苋	*Amaranthus dubius*	苋科	被子植物	3级（局部入侵）
千穗谷	*Amaranthus hypochondriacus*	苋科	被子植物	3级（局部入侵）
合被苋	*Amaranthus polygonoides*	苋科	被子植物	3级（局部入侵）
糙果苋	*Amaranthus tuberculatus*	苋科	被子植物	3级（局部入侵）
华莲子草	*Alternanthera paronychioides*	苋科	被子植物	3级（局部入侵）
刺花莲子草	*Alternanthera pungens*	苋科	被子植物	3级（局部入侵）
银花苋	*Gomphrena celosioides*	苋科	被子植物	3级（局部入侵）
巴西墨苜蓿	*Richardia brasiliensis*	茜草科	被子植物	3级（局部入侵）
盖裂果	*Mitracarpus hirtus*	茜草科	被子植物	3级（局部入侵）
月光花	*Ipomoea alba*	旋花科	被子植物	3级（局部入侵）

续表

中文名	拉丁名	科名	大类	保护等级
变色牵牛	*Ipomoea indica*	旋花科	被子植物	3级（局部入侵）
瘤梗甘薯	*Ipomoea lacunosa*	旋花科	被子植物	3级（局部入侵）
茑萝	*Ipomoea quamoclit*	旋花科	被子植物	3级（局部入侵）
假酸浆	*Nicandra physalodes*	茄科	被子植物	3级（局部入侵）
少花龙葵	*Solanum americanum*	茄科	被子植物	3级（局部入侵）
牛茄子	*Solanum capsicoides*	茄科	被子植物	3级（局部入侵）
银毛龙葵	*Solanum elaeagnifolium*	茄科	被子植物	3级（局部入侵）
北美车前	*Plantago virginica*	车前科	被子植物	3级（局部入侵）
椴叶鼠尾草	*Salvia tiliifolia*	唇形科	被子植物	3级（局部入侵）
短柄吊球草	*Hyptis brevipes*	唇形科	被子植物	3级（局部入侵）
吊球草	*Hyptis rhomboidea*	唇形科	被子植物	3级（局部入侵）
山香	*Hyptis suaveolens*	唇形科	被子植物	3级（局部入侵）
猫爪藤	*Macfadyena unguis-cati*	紫葳科	被子植物	3级（局部入侵）
假马鞭	*Stachytarpheta jamaicensis*	马鞭草科	被子植物	3级（局部入侵）
蓝花野茼蒿	*Crassocephalum rubens*	菊科	被子植物	3级（局部入侵）
春飞蓬	*Erigeron philadelphicus*	菊科	被子植物	3级（局部入侵）
裸柱菊	*Soliva anthemifolia*	菊科	被子植物	3级（局部入侵）
翼茎阔苞菊	*Pluchea sagittalis*	菊科	被子植物	3级（局部入侵）
剑叶金鸡菊	*Coreopsis lanceolata*	菊科	被子植物	3级（局部入侵）
婆婆针	*Bidens bipinnata*	菊科	被子植物	3级（局部入侵）
印加孔雀草	*Tagetes minuta*	菊科	被子植物	3级（局部入侵）
假苍耳	*Cyclachaena xanthiifolia*	菊科	被子植物	3级（局部入侵）
北美苍耳	*Xanthium chinense*	菊科	被子植物	3级（局部入侵）

中文名	拉丁名	科名	大类	保护等级
白花金钮扣	*Acmella radicans var. debilis*	菊科	被子植物	3级（局部入侵）
熊耳草	*Ageratum houstonianum*	菊科	被子植物	3级（局部入侵）

表F2-4　中国4级（一般入侵）植物名录

中文名	拉丁名	科名	大类	保护等级
草胡椒	*Peperomia pellucida*	胡椒科	被子植物	4级（一般入侵）
苏里南莎草	*Cyperus surinamensis*	莎草科	被子植物	4级（一般入侵）
芒颖大麦	*Hordeum jubatum*	禾本科	被子植物	4级（一般入侵）
多花黑麦草	*Lolium multiflorum*	禾本科	被子植物	4级（一般入侵）
黑麦草	*Lolium perenne*	禾本科	被子植物	4级（一般入侵）
田野黑麦草	*Lolium temulentum var. arvense*	禾本科	被子植物	4级（一般入侵）
梯牧草	*Phleum pratense*	禾本科	被子植物	4级（一般入侵）
洋野黍	*Panicum dichotomiflorum*	禾本科	被子植物	4级（一般入侵）
两耳草	*Paspalum conjugatum*	禾本科	被子植物	4级（一般入侵）
刺槐	*Robinia pseudoacacia*	豆科	被子植物	4级（一般入侵）
南苜蓿	*Medicago polymorpha*	豆科	被子植物	4级（一般入侵）
紫苜蓿	*Medicago sativa*	豆科	被子植物	4级（一般入侵）
白花草木犀	*Melilotus albus*	豆科	被子植物	4级（一般入侵）
草木犀	*Melilotus officinalis*	豆科	被子植物	4级（一般入侵）
红车轴草	*Trifolium pratense*	豆科	被子植物	4级（一般入侵）
长柔毛野豌豆	*Vicia villosa*	豆科	被子植物	4级（一般入侵）
大麻	*Cannabis sativa*	大麻科	被子植物	4级（一般入侵）

续表

中文名	拉丁名	科名	大类	保护等级
小叶冷水花	*Pilea microphylla*	荨麻科	被子植物	4级（一般入侵）
刺瓜	*Echinocystis lobata*	葫芦科	被子植物	4级（一般入侵）
红花酢浆草	*Oxalis corymbosa*	酢浆草科	被子植物	4级（一般入侵）
宽叶酢浆草	*Oxalis latifolia*	酢浆草科	被子植物	4级（一般入侵）
斑地锦	*Euphorbia maculata*	大戟科	被子植物	4级（一般入侵）
匍匐大戟	*Euphorbia prostrata*	大戟科	被子植物	4级（一般入侵）
西番莲	*Passiflora caerulea*	西番莲科	被子植物	4级（一般入侵）
黄花月见草	*Oenothera glazioviana*	柳叶菜科	被子植物	4级（一般入侵）
野西瓜苗	*Hibiscus trionum*	锦葵科	被子植物	4级（一般入侵）
黄花稔	*Sida acuta*	锦葵科	被子植物	4级（一般入侵）
弯曲碎米荠	*Cardamine flexuosa*	十字花科	被子植物	4级（一般入侵）
豆瓣菜	*Nasturtium officinale*	十字花科	被子植物	4级（一般入侵）
绿独行菜	*Lepidium campestre*	十字花科	被子植物	4级（一般入侵）
臭荠	*Coronopus didymus*	十字花科	被子植物	4级（一般入侵）
麦仙翁	*Agrostemma githago*	石竹科	被子植物	4级（一般入侵）
麦蓝菜	*Vaccaria hispanica*	石竹科	被子植物	4级（一般入侵）
无瓣繁缕	*Stellaria pallida*	石竹科	被子植物	4级（一般入侵）
鹅肠菜	*Myosoton aquaticum*	石竹科	被子植物	4级（一般入侵）
球序卷耳	*Cerastium glomeratum*	石竹科	被子植物	4级（一般入侵）
灰绿藜	*Chenopodium glaucum*	苋科	被子植物	4级（一般入侵）
刺沙蓬	*Salsola tragus*	苋科	被子植物	4级（一般入侵）
北美苋	*Amaranthus blitoides*	苋科	被子植物	4级（一般入侵）
苋	*Amaranthus tricolor*	苋科	被子植物	4级（一般入侵）

中文名	拉丁名	科名	大类	保护等级
紫茉莉	*Mirabilis jalapa*	紫茉莉科	被子植物	4级（一般入侵）
土人参	*Talinum paniculatum*	土人参科	被子植物	4级（一般入侵）
洋金花	*Datura metel*	茄科	被子植物	4级（一般入侵）
苦蘵	*Physalis angulata*	茄科	被子植物	4级（一般入侵）
小酸浆	*Physalis minima*	茄科	被子植物	4级（一般入侵）
毛酸浆	*Physalis philadelphica*	茄科	被子植物	4级（一般入侵）
黄花假马齿	*Mecardonia procumbens*	车前科	被子植物	4级（一般入侵）
直立婆婆纳	*Veronica arvensis*	车前科	被子植物	4级（一般入侵）
蚊母草	*Veronica peregrina*	车前科	被子植物	4级（一般入侵）
婆婆纳	*Veronica polita*	车前科	被子植物	4级（一般入侵）
花叶滇苦菜	*Sonchus asper*	菊科	被子植物	4级（一般入侵）
苦苣菜	*Sonchus oleraceus*	菊科	被子植物	4级（一般入侵）
苣荬菜	*Sonchus arvensis*	菊科	被子植物	4级（一般入侵）
药用蒲公英	*Taraxacum officinale*	菊科	被子植物	4级（一般入侵）
欧洲千里光	*Senecio vulgaris*	菊科	被子植物	4级（一般入侵）
秋英	*Cosmos bipinnatus*	菊科	被子植物	4级（一般入侵）
硫磺菊	*Cosmos sulphureus*	菊科	被子植物	4级（一般入侵）
万寿菊	*Tagetes erecta*	菊科	被子植物	4级（一般入侵）
多花百日菊	*Zinnia peruviana*	菊科	被子植物	4级（一般入侵）
鳢肠	*Eclipta prostrata*	菊科	被子植物	4级（一般入侵）
细叶旱芹	*Cyclospermum leptophyllum*	伞形科	被子植物	4级（一般入侵）

参考文献

Christopher E L，Charlene M，Louis，et al. A multi-gene molecular investigation of the kelp（Laminariales，Phaeophyceae）supports substantial taxonomic re-organization［J］. Journal of Phycology，2006，42：493-512.